# ヤタローと治一郎

バウムクーヘンと歓びの輪を拡げる

株式会社ヤタロー
代表取締役会長
中村伸宏

発行：ダイヤモンド・ビジネス企画
発売：ダイヤモンド社

# はじめに ―― 本書出版の目的

バウムクーヘンというお菓子は好き嫌いは別にして、日本人なら誰もが一度くらいは口にしたことのある、きわめてポピュラーで身近な洋菓子。バウムクーヘンとは、そんなふうに位置づけられるように思う。

バウムクーヘン（baumkuchen）のバウム（baum）は「木」、クーヘン（kuchen）は「ケーキ」を意味するドイツ語である。つまり、バウムクーヘンはドイツ生まれのお菓子ということだ。

ところが ―― 意外なことに、本場ドイツでは、バウムクーヘンはそれほどポピュラーな食べ物ではないという。例えば、駐日ドイツ大使館の公式ツイッターによると、「日本へ赴任して、初めてバウムクーヘンを口にしたという職員も少なくない」ということだ。すなわち、「国民食」とも言われるラーメンやカレーライスなどと同様に、バウムクーヘンもまた「海外で生まれ、日本に根付き、これからさらにつくられ続け、発展し続けていく食べ物」と呼んでいいだろう。

そんな、日本人にとってなじみの深い〝バウムクーヘン〟を看板商品に掲げ、ささやかながら着実に成長の道を歩んできた企業がここにある。

「株式会社治一郎」――私が代表を務めるヤタローグループの中核企業だ。本書は、この治一郎を含む我われヤタローグループが歩んできた90年間の苦楽を共にしてくれた社員と私の挑戦の歴史を振り返ることを主たる目的として書かれたものである。

本書の執筆を私に提案してきたのは、株式会社ダイヤモンド・ビジネス企画という東京の出版社である。同社取締役編集長（現・代表取締役社長）・岡田晴彦氏の来訪を受けたのは、我が国が未曽有の新型コロナウイルス感染症（COVID-19）の渦中にあった2021年9月のことだった。

岡田編集長が当社にアポイントを取ったのは――こちらとしても、ある程度想定していたことであったが――その2年ほど前に私が出演したテレビ東京のビジネス番組「カンブリア宮殿」（2019年7月11日放送）を観たことがきっかけであるという。同番組への出演から、一時期、当社にはマスコミ各社からの取材の申し込みが相次いだ。それらの申し込みに対して、私は必ずしも積極的に応じてきたわけではない。どちらかと言えば、お断りしたことのほうが多いくらいだろう。

会長職といえば、世の中にはほとんど名ばかりの名誉職で、実質的には経営の第一線を退いた楽隠居も同様の気軽な立場の方もおられるようだ。そうした暇と時間を持て余したお歴々とは異なり、私の場合は会長就任後もまだまだ現役第一線の経営者の端くれであ

治一郎のバウムクーヘン

る。社内には私自身が陣頭指揮を執らなければならない案件が山積みであり、経営者としてはそちらを優先せざるを得ない。

そうした事情もあり、当初は半ばお断りするつもりで受けたアポイントであったが、実際に岡田編集長と会い、話を聞いてみると、これが案外、魅力的な提案であるように思えてきた。

岡田編集長は次のように言った。

「ヤタローグループさんの独自の事業展開と成長の過程を通じて、『日本が生き残り、再び立ち上がるためのヒントになる本』をつくりたいと考えております。力を貸していただけませんか――?」

本文中でもしばしば出てくることになるが、私は「頼まれごと」に弱い。理不尽な要求に対しては突っぱねることもできるが、こんなふうに正面から頭を下げてお願いされると、無下には断りづらい性格だと自覚している。その意味で、岡田編集長は的確に私の弱点(?)を突いてきた。

とはいえ、本を一冊書くとなると時間も労力もかかるし、何より私の本業とはあまりにも掛け離れている。

これまで、社内報などでは、ある程度ボリュームのある長文を寄稿してきたが、あれはあくまで社内の事情をよく知っている身内に向けて書いたものだ。不特定多数の第三者に読ませるには、文章力も構成力もまるで不足しているということは、素人の私にでもわかる。とても無理だ――そう判断して、一再ならず辞退しようと思ったのだが、岡田編集長は執拗だった。

「中村会長が書かない限り、誰もヤタローの歴史を知ることができません――!」

そうまで言われて、私もとうとう最後には覚悟を決めた。その代わり、いくつかの条件を付けさせていただいた。

本書は、ヤタローグループ創業90周年の記念書籍とすること。

ただし、単なる「社史」や、私個人の「自伝」ではなく――そうした要素は必然的に含まれるにせよ――「会社経営のノウハウ本」としての体裁を整えること。

その上で、第三者が読んでも興味深く、面白い本にすること。

そのために、岡田編集長以下の書籍編集のプロに全面的に協力していただくこと。

これらの諸条件を受け入れていただいた結果、こうして曲がりなりにも一冊の本を上梓することができた。

素人の拙い執筆故に、「意余って言葉足らず」となっている箇所も多々あるだろうし、また、私個人の考え方が世間一般のいわゆる〝常識〟から逸脱している(ように読める)

箇所もあるかもしれない。

それらのご指摘は甘んじて受ける覚悟だが、しかし、著者として素人なりに最後まで責任を持ち、真摯に執筆に取り組んできたつもりである。一人でも多くの読者に手に取っていただき、一読後はその一人ひとりの胸に私の思いが届くことを願ってやまない。

2025年4月吉日

株式会社ヤタロー

代表取締役会長　中村伸宏

「カンブリア宮殿」の撮影風景

## 目次

# 第2部

## 第3章　山猿、三ケ日で蝮(まむし)となる

能登輪島より遠州浜松に至る道程



## 第4章　卸売りパンから新たな業態へ

パン事業の生き残り戦略

# 第3部

## 第5章　私の経営術

# 第1部

# 第1章

## 「もったいない」の工場直売店
## 売上が1000倍に！

### いちばん人気は「切り落としのバウムクーヘン」

## 「商品を育てる」工場直売店

静岡県浜松市中央区丸塚町169番地——。

JR浜松駅からはバスで30分弱、近隣に大型商業施設「コストコ浜松」があるとはいえ、それほど交通の便が良いとも、集客力があるとも言えない立地で、「ヤタロー工場直売店（アウトレットストア）」は営業している。

看板商品はバウムクーヘン。といっても、ホール単位で丸ごと1個売っているのではなく、小さくカットされたものから厚みが薄いものなど、いわゆる〝切り落とし〟である。個別包装され、一つひとつ重量を正確に測ってグラム単位で値づけしている。

これが、実によく売れる。午前9時30分の開店前には、お客さまが長蛇の行列をつくる。一人でも多くのお客さまにお買い上げいただきたいところだが、個数制限をしても日によっては、午後になる頃にはもう売り切れてしまっていることも珍しくない。

この「ヤタローアウトレットストア」の原型となった売店の開店は、現在から45年近く前の1978（昭和53）年にまでさかのぼる。当時は「アウトレット」などという小洒落た横文字言葉は一般になじみがなかったこともあり、「守衛小屋」と称していた。店舗も工場敷地の入口にあった守衛小屋での販売から始まったのである。

浜松の名物の一つとなった工場直売店

　現在の店舗に掲げている看板に「工場直売店（アウトレットストア）」と併記されているのは、その後工場の片隅に移設され、「工場直売店」と呼んでいた頃の名残りである。当時の店舗面積は約４坪で、現在とは比較にならないほど狭く、設備も品揃えも貧弱で、およそ商売気など微塵も感じられない、簡素なたたずまいであった。

　なお、ここで一つ、告白しておくと――「工場直売」というネーミングには、実は少々語弊がある。

　ここで売られていた商品の中には、シャンボールの直営店に一度出荷した商品を、賞味期限切れになる前に回収してきた、いわゆる〝売れ残り〟の商品が少なくなかった。無論、商品の賞味期限は製造時のまま嘘偽りなく明記していたし、賞味期限が短い分、値段は格安であったが、「できたての商品を、工場から直接運んできて売っている」という意味での「工場直売」ではなかったことになる。

万一、そのように思われていたお客さまが当時いらっしゃったのであれば、誤解させてしまったことを心よりお詫び申し上げる。

ともあれ、売れ残った商品を店舗から回収して値引き販売していた理由は、後述する「もったいない精神」（ヤタローグループが今なお大切にしている精神である）の発露であることは間違いないが、実を言えば、もう一つ理由があった。

何よりも、「商品を育てる」——この言い方が一般的かどうかはわからないが、少なくとも私はそういう言い方をしている——ことが目的であった。

世間でいうヒット商品の中には、「発売直後から羽が生えて飛ぶように売れた」というものもあるかもしれないが、どちらかといえばそれは例外中の例外だろう。仮にあったとしても、その種のヒット商品はおしなべて旬の時期が短く、一過性のあだ花で終わる。逆に、ロングセラーと呼ばれる長寿ヒット商品は、たいていの場合、「発売直後には、なかなか思うように売れなかった……」という話を聞くものだ。それを、営業マンや店舗販売員がさまざまな工夫を凝らしたり、偶然ブレイクする何らかのきっかけがあったりして、一気に一般認知度が上がり、そこから評判が評判を呼んでヒットに結びつく —— そんな過程をたどったものが多い。

今日ではヤタローアウトレットストアの看板商品とも言える〝切り落としバウムクーヘン〟の場合、正規品である「治一郎のバウムクーヘン」の大ヒットの副産物には違いないが、それでも売り切れ必至のいちばん人気に育つまでにはいろいろな試行錯誤があった。一袋の大きさ・容量が異なるため均一価格ではなく、グラム売りを採用。陳列台は柔らかくて型くずれしないよう特製陳列台を作った。少し売れるようになると、インターネットによる転売や大量買いが増え、やむなく個数制限をつけた。

繁華街や駅ナカの店舗で売られているバウムクーヘンに比べて、パッケージには飾り気がなく、形がいびつであったり大きさがまちまちだったりするものの、味は少しも変わらない（同じ材料、同じ製法でつくられているから当たり前だが）。贈答品などには向かないが、自宅で食べる分にはこちらのほうが断然、お買い得だ。そんな評判が評判を呼び、今では浜松市内はもちろんのこと、周辺の市町村や、中には県外からわざわざクルマで足を運ばれるお客さまもいらっしゃるほどである。

お買い求めになるお客さまは、口を揃えてこうおっしゃっている。

「切り落としでも美味しい――」と。
経営者としては望外の幸せというほかはないが――しかし、ことここに至るまでには、人並み以上の苦労があったことも事実である。

守衛小屋が営業を開始した当初はそれこそ、たまたま店の前を通りかかった近隣の住民がふらりと立ち寄って覗いていく程度で、集客など全く望めなかった。これよりずっと後、2000（平成12）年11月末に「イトーヨーカドー宮竹店（当時）」と「浜松プラザ フレスポ」が開業し、集客状況は劇的に改善することになるが、それ以前には、浜松市民でもごく近隣の一部の人びとを除いて誰も知らないような存在だった

切り落としバウムクーヘンコーナー

のである。

　それでもめげずに商売を続けていると、商品の値段の安さと、「工場直売」というシステムのもの珍しさに惹かれてか、少しずつ「常連さま」らしい顔ぶれが出来上がっていった。これにより、ある程度の売上は見込めるようになったが、まだまだ商売になるレベルではなかった。仕入れ値がかかっていない分、わずかでも売れればそれだけ赤字を減らせるという状況だった。

　あるいは、そんな経営状態だったからこそ、思い切ったチャレンジをすることができたのかもしれない。工場直売店の開業から私はこの場所を利用して、磨けば「売れる」と思った商品を「育てる」という試みに着手したのである。

工場直売店内のパンコーナー

この「商品を育てる」ということをもう少し詳しく解説すると、「すでに完成している商品を、如何にして売るか？」という販売戦略の要素はもちろん、「未完成の（売れない）商品を、如何に完成させる（売れる商品にする）か？」という商品開発戦略の要素も多分にある。

こんなことを言うと、「じゃあ、お前の店では未完成品を売っているのか？」などと誤解されそうだが、無論そういう意味ではない。店頭に陳列している以上、お金をいただけるレベルの商品であることは間違いないのだが、それがこちらの想定（もしくは期待）するほど売れていないとしたら、その理由は、売り方が悪いか、お客さまの求める商品になっていないか、そのどちらかということになる。そこで、「このままでも売れないことはないが、こうすればもっと売れるはずだ」という細部の工夫を積み重ねること、その工夫を何度でも繰り返していく努力が必要になってくる。

## 売上が1000倍になった工場直売店

かつて、バウムクーヘン以前に私が育てた商品の中に、「らっか」という商品がある。
らっかとは遠州弁で「落花生」を意味し、その名の通り落花生の鞘をかたどった皮の中にあんこが詰まった最中（もなか）である。これはもともと、有限会社奥田商店のブランド商品であったが、同社が１９８１（昭和56）年11月にヤタローグループ入りした（この辺りの事情はおいおい述べていく）ことで、らっかを育てることはヤタローグループの仕事になった。私はこの時、奥田商店のオーナーに約束した。

「らっかは必ず、ヤタローグループの看板商品に育ててみせる。あんこの発注先もロットも変えない。そしてつくり続ける。全部私が最後まで面倒を見る」――と。

オリジナルの「あんこ」をつくるには一定の生産ロット、分量が必要になる。一定の味を担保するためには、工場で生産する量は減らさないことが望ましい。そこで、私は、工場には、らっかの生産を続けるよう命じ、完成した商品はシャンボール直営店の店頭に並べ続けた。ところが、これがなかなか売れない。当時、らっかの賞味期限は２週間だったが、店頭に並べて１週間経った売れ残りの商品はすべて回収して工場直売店に運び、数量をみて値引きして売った。

工場でつくる。シャンボール直営店で売る。売れ残りは工場直売店で安く売る。当時は今ほどフードロスについて喧（やかま）しくなかったとはいえ、やはり廃棄するのは気持ちのいいものではない。そして、また工場でつくる。シャンボール直営店で売る。売れ残りは工場直売店で……その繰り返しだった。とにかく、売れるようになるまで、ひたすらつくり続け、売り続けた。良い品質を維持するには、同じ品物を一定量つくり続けることが大事だからだ。

もちろん、まったく同じ物をつくり続けても、売れない物は売れない。だから、工場は懸命に考えて改良を続ける。店舗も、少しでも売れるよう工夫し続ける。こうして、少しずつ、らっかは売れる商品に育っていった。文字通り、製造も、販売も、経営も一丸となって商品を育てたのである。

現在では、らっかはヤタローグループの土産品の中軸商品となっている。

売れるまで商品を育てる。たとえ売れなくても、つくるのをやめない。

つくり続け、売り続ける。売れ残ったら、直売店に運んで値引きして売る。

単純と言えば単純、愚直と言えば愚直な方法だろうが、これを売れるようになるまで続けるのは、決して生易しいことではない。これを続ければきっと売れるようになるはずだという強固な信念が必要だ。だが、途中で投げ出したら「絶対に成功しない」が、成功するまで続ければ「いつか必ず成功する」ものなのだ。

結果として、我われはこのやり方で「らっか」を売れ筋商品にまで育てることに成功した。私はこのやり方を「らっか方式」と名づけた。そして、この「らっか方式」は、ヤタローグループにおける商品開発の根幹となった。

浜松銘菓「らっか」

言うまでもなく、現在の看板商品である「治一郎のバウムクーヘン」もまた、この「らっか方式」を用いて我われが育てた商品である。

この「治一郎」誕生の物語については後で詳しく述べるとして――工場直売店は、２００９（平成21）年４月に現在の「ヤタローアウトレットストア」としてリニューアルオープンすることになる。

振り返れば、初期の頃は、守衛小屋の１日平均売上は、２０００円前後であったと思う。それが、アウトレットストアオープン直後は一日平均50万円、そして２０２４（令和６）年の現在では、１日平均売上は２００万円となっており、実に、１０００倍の規模に成長したことになる。

## もったいないという考え方から生まれた「らっか方式」

「ヤタローアウトレットストア」の前身である「直売店」を設けた理由は、ヤタローグループが大切にしてきた「もったいない精神」の発露である——と先に述べた。

売れ残りの商品の廃棄は、原材料となった食材の無駄遣いであり、さらには製造に要した機械の燃料の無駄遣いを意味する。どちらも、限りある資源の浪費であることは間違いない。


にもかかわらず、「らっか方式」を商品開発の根幹とするヤタローグループが、「もったいない精神」を大切にしているとはどういうことか。

それは、「単に売上増を求めない」ということだ。

ちなみに、この「もったいない」という言葉はもともと、後述するヤタローグループの第二次海外事業の際に「旗印」として掲げた言葉であった。それを、当時の工場長であった太田雅之（現・株式会社ヤタロー代表取締役社長）が工場直売店のコンセプトに採用したのである。

言うまでもないが、売上は少ないより多いほうがいいに決まっている。儲けの出ない事業なら、初めからやらないほうがマシだ、と誰もがそう考えるだろう。それは私も否定しない。だが、目先の売上や利益ばかりに目を奪われ、将来への備えを疎かにしていれば、いずれは時代や環境の変化についていけなくなる。待っているのはジリ貧の未来だ。

そのためにも、今、売れている商品だけを大切にしているようではいけない。将来、その商品の売れ行きが落ちた時のことを考え、「まだ売れているうち」に次の一手を考えておく必要がある。

だとすれば――つくった商品が必ず売れるようになるわけではないが、仮に、売れる要素が十分にあると思われる商品をそのまま、売れないままで終わらせてしまったら、それは大いなる損失ではないだろうか。開発や製造、流通にそれまでかかった企業努力をすべて放棄することは、それこそ「もったいない」ことではないだろうか。

だからこそ、私は「らっか方式」を是とするのである。

それは、「らっか」という一つの商品だけの話ではない。ヤタローグループが生み出した商品を、その商品開発にかかった時間と労力と予算を「もったいない」と考えるが故に。

確かに、「らっか方式」はその過程で多くの無駄を発生させる。だが、途中であきらめてしまったら、その無駄は永遠に無駄のままだ。それでは、廃棄された商品も浮かばれない。だから、売れる商品に育て上げるまで、何度でもあきらめずに続ける。売れる商品になったら、つくったものはつくっただけ完売することも不可能ではなくなる。そうなった時、初めて、無駄がなくなる。無駄がなくなれば、それまでに生じた無駄は、実は無駄ではなかったことになる。

事実、本社工場直売店が現在の「ヤタローアウトレットストア」になって以降、廃棄される売れ残り商品は大幅に減少した。とりわけ、いちばん人気の「切り落としバウムクーヘン」は完売するのが当たり前のようになってきた。

それこそが、ヤタローグループが長年大切にしてきた「もったいない精神」なのである。廃棄だけでなくすべての商品を大切にするという「もったいない」という考え方がアウトレットを生み、「らっか方式」をつくり上げた。そして、この「らっか方式」によってヒット商品に育てられたのが「治一郎のバウムクーヘン」なのである。

現在の「ヤタローアウトレットストア」では、看板商品である「切り落としバウムクーヘン」のほかに、例えばサンドイッチ用に切り落としたパンの耳や、ロールケーキの耳、ラスク用のパンの耳、その他工場で製造時に発生する規格外品などの当初からのメニューに加え、自社工場で製造している他の種類の洋菓子、パン、和菓子などもあれば、地方の名物品やグループ内の給食施設で使用されなかった地産の野菜や果物なども取り扱っている。

混雑時には入場制限を実施する時もあるが、そういう時を含めても、来店客の列が途切れることはなかった。

――なぜか？

「安い」という理由も当然、あるだろう。だが、それだけでは、わざわざガソリン代や交通費を使って遠方からやってくる理由には足りない。

むしろ、「ここでしか買えない」という希少価値を求めて訪れるお客さまが多いのではないか――私はそのように考えている。よその店舗では手に入らない、「ここだけ」の価値は、わざわざ遠くまで足を運ぶだけの魅力があるのに違いない。

「ヤタローアウトレットストア」の評判を聞いて、ある時期からは「こちらのお店に

工場直売店内の野菜コーナー

商品を置かせてほしい」と言ってくる人も増えた。
「野菜を置かせてほしい」という農家の方や、「惣菜を売りたい」という飲食店の方など、いずれも「ヤタローアウトレットストア」の集客力に期待して頼み込んでくる。店舗面積には限りがあるし、店舗の性質上さすがに「なんでもあり」というわけにはいかないが、持ち込まれる商品のジャンルによっては、相乗効果が見込めるなど店舗側にも一定のメリットもあるため、可能な範囲内で対応している……というのが現状である。

## 「頼まれ仕事」がヤタローの原点

前述した通り、1981（昭和56）年11月、有限会社奥田商店がヤタローグループに加わった。また、1986（昭和61）年3月には、株式会社宝福がヤタローグループに加わった（有限会社奥田商店はその後、株式会社バロネスに社名変更し、さらに現在では株式会社治一郎となっている）。

どちらのケースでも、経営者同士の信頼関係が前提としてあり、その上で支援を求められ、ヤタローがお手伝いしている格好になる。

こうした経過から、お互いに気持ちよく共同作業に取り組むことができた。これが大きい。

そして、結果的に、レストラン・洋菓子の「バロネス」も、高級惣菜の「にんじん亭」

も、それまでパン屋を本業としていたヤタローにとって新たな事業展開をもたらしてくれた。後にヤタローグループの中核事業へと成長した高級パンの「シャンボール」が、「にんじん亭」を加えた「できたて市場」に進化して新たな客層を開拓することができたのも、これがきっかけである。

先方から「頼まれて、面倒を見る」というパターンは、その後も様々な場面で繰り返されている。もともとヤタローの原点、DNAには営業力が不足していた。だから「待ち」の営業が基本となり、これに「サービス」が加わり、頼みやすい体質が出来上がったのだと思う。ヤタローグループには、この種の持ち込まれた案件を手掛

にんじん亭の弁当・惣菜

けることを専門としている窓口もある。金原文孝専務（現・相談役）はかつてこの部署を「駆け込み寺」と称したが、私はもっとシンプルに「頼まれ仕事」と呼んでいる。

# 第2章

## 「治一郎」誕生秘話

### 「できそこない」が起点となる！

## 治一郎を生んだヤタローの歴史

「治一郎のバウムクーヘン」は、現在のヤタローグループを象徴する商品であると言える。ところで、株式会社治一郎のホームページには、「治一郎のバウムクーヘン」の誕生を2002（平成14）年と記している。これはもちろん、間違いではないが、当事者である私の実感からはいささか事実との乖離がある。

つまり、治一郎というブランドを立ち上げ、「治一郎のバウムクーヘン」として販売を開始したのは確かにその年のことなのだが、ヤタローグループがバウムクーヘンの生産を始めたのはそれよりも遥かに早い。そして、「治一郎のバウムクーヘン」が今日のようなヒット商品に育ったのは、2002年の販売開始からある程度時間が経過してからのことなのである。

これはどういうことか？　まずは、ヤタローグループがバウムクーヘンという洋菓子の製造を始めた経緯から語り始めなければなるまい。

そもそも、「ヤタローグループ」というグループを形成する以前、株式会社ヤタローは「ヤタローパン」という名のパン屋であった。あんぱんや菓子パン、食パンなどを店の奥の厨房で焼いて、店頭に並べて売る、珍しくもない市井のパン屋がヤタローの前身だったのである。

私がヤタローパンの創業者である先代の中村時（私の義父である）の後を継いで2代目社長となる数年くらい前から、株式会社ヤタローは身売り寸前の状況であった。この前後のややこしい事情については後述するが、いずれにせよ、社長就任と同時に、私の肩にはその当時で150人からいた従業員とその家族の生活が重くのしかかっていたのである。彼らに給料を支払うためには、現金収入を確保する仕事が早急に必要だった。

そこで私が選択した手段は、大手メーカーのOEM（Original Equipment Manufacturer）供給の受注であった。

ここではごく簡単に結果だけを記すが、〝新宿中村屋〟（株式会社中村屋）さんに一部商品を納入するOEM契約を取りつけ、ヤタローがOEMのバウムクーヘンの製造を開始したのは、1977（昭和52）8月のことであった。すなわち――ヤタローグループのバウムクーヘンづくりの歴史は、「治一郎のバウムクーヘン」の販売開始から四半世紀もさかのぼることができるのである。

## 新たな専門店と通販だけで展開

「治一郎のバウムクーヘン」の取扱店は、「治一郎」を中心とする直営店およびヤタローグループ公式サイトからの直販に限定されている。

これはもちろん、戦略的判断だ。

販売チャネルを増やせば、一時的には売上も増えるだろうが、商品の陳腐化もそれだけ早くなる。お客さまに飽きられてしまえば、ブームはたちまち終焉する。一度ブームが去った後の商品は、ブーム到来前と比べてさえ、お話にならないほど売上が落ち込んでいるものだ。

初めのうちこそ、「知る人ぞ知る」というごくローカルな話題であったが、やがて「やわらか・しっとり系のバウムクーヘン」は静かなブームを起こしていく。販売開始から丸4年経った２００７（平成19）年12月の時点で、「治一郎のバウムクーヘン」は年商１・5億円を稼ぎ出す商品に成長した。固定ファンがつき、口コミで徐々に評判が広がっていくと、ヤタローグループの他の店舗でも「治一郎のバウムクーヘン」を扱いたいという声が高まってきた。

そこで、２００８（平成20）年9月には、「バウムクーヘンに特化した店舗」をコンセプトにした専門店「クーヘンスタジオ治一郎」の第1号店を静岡市葵区の「静岡パルコ」内に出店した。これ以降、「治一郎」は店舗の名称としても徐々に認知されるようになってきた。

「クーヘンスタジオ治一郎」第１号店の静岡パルコ店

この勢いに任せて、コンビニエンスストアのチェーンなど大手の流通販路に乗せることも当然考えられた。というより、経営者としては普通、そうするのが当たり前の判断であったかもしれない。

しかし、私の考えは違った。

目先の売上拡大を目指して安易に販路を拡大すれば、かえって商品の寿命を縮める結果になるのではないか……？

私は「治一郎のバウムクーヘン」のブランド価値をより一層高める方向へ舵を切った。すなわち、直営店舗と通販のみに販路を絞ることで、商品の陳腐化を避け、希少価値を持たせることにしたのである。

「治一郎のバウムクーヘン」は、治一郎の直営店舗の店頭でお買い上げいただくか、インターネット通販でご注文いただかない限り、購入することができないような仕組みをつくったのである。

もちろん、秘伝のレシピも自社工場内にとどめ、外部へ流出することのないように努めた。とはいえ、人気商品になれば、類似品が出てくることはある程度避けられない。それらの類似品と「治一郎のバウムクーヘン」をどこで差別化していくか。

ブランド価値の創出こそ、治一郎の生命線である――その信念のもとに、ヤタローグループ全体で「治一郎のバウムクーヘン」のブランディングに社運を賭けたのである。

「クーヘンスタジオ治一郎」は、第1号店となる静岡パルコ店（前出）を皮切りに、翌２００９（平成21）年12月には浜松市西区大平台に初の路面店である「治一郎 大平台本店」がオープンした。

そして、２０１０（平成22）年5月にはついに首都圏へ進出し、神奈川県川崎市に「クーヘンスタジオ治一郎 ラゾーナ川崎プラザ店」をオープンするに至った。

この時点で、「治一郎のバウムクーヘン」の販売開始からすでに8年余が過ぎている。浮き沈みの激しい洋菓子業界で、この成長速度はきわめてゆっくりしたものであったが、なまじ爆発的なブームになってしまえば飽きられるのも早くなる。その意味では、市場への流通量を抑えたことで、結果的に息の長いロングセラー商品に育ったことは正解であった。

もっとも、これは意図的に流通量を抑えたというわけではなく、当時の工場の生産量からするとこれくらいが限界だった、という事情もある。発売当初の製造体制については後述するが、熟練職人の技量に頼るところが大きかった。当時使用していた温度計もついていない古いオーブンでは、焼き上げのタイミングを計る〝職人の勘〟が欠かせないものだったからだ。

前出の「ラゾーナ川崎プラザ店」で初めて首都圏へ進出すると、堰を切ったような

「クーヘンスタジオ治一郎」（認知度向上に伴い、店名はその後、シンプルに「治一郎」となる）の出店ラッシュとなった。

　一見、派手な積極策であるこの出店戦略を支えたのは、「治一郎」ブランドを全国に浸透させる地道な手法の推進であった。それが「治一郎大使」という制度である。

　きっかけは２０１７（平成29）年夏、治一郎事業部の太田一祐常務（現・専務執行役員）が会長室に私を訪ねてきた時の話であった。太田はこの時、治一郎の今後の出店計画として「金沢・広島を予定している」と報告してきたのだが、その下準備として、生産ラインを増設する前に現地の市場開拓が重要となる。そこで、私はかねてから温めていた「大使制度」の導入を決意

クーヘンスタジオ治一郎　ラゾーナ川崎プラザ店

治一郎のショーケース内

プリン

ロールケーキ

ビスコット

ビスコットのギフト

した。大使制度とは、世間一般に知られた「観光大使」などをヒントに構想したもので、当時SV事業本部で推進していた「地域密着型エリア戦略」の一環となるものだ。ヤタロー創業以来80年以上をかけて構築してきた地元・浜松でのヤタローグループの事業をモデルとして有機的に組み合わせ、拠点ごとに逐次種まきして時間をかけて形成していこうという戦略であるから、10年や20年という短期スパンでは難しい。従って、これも後述する「300年の計」のうちの一つといえる。

まずは手始めに、「東北担当大使」として私の高校時代の後輩である古い友人に大使役を依頼し、了承をいただいた。次いで、「北陸担当大使」には金沢在住の私の大学時代の先輩に依頼することにした。そして、「広島担当大使」には2017(平成29)年10月に浜松でのGOGO 事務所定例総会に出席いただいた広島在住の方に依頼したところ、その場で快く内諾をいただき、翌2018(平成30)年春より正式に始動することになったのである。2025(令和7)年広島出店予定の案件でも多大なご協力をいただいている。

各地の治一郎大使の皆様には、第5章で詳述する「社友」の契約を結んでいただき、その地域のアンテナショップと協力して治一郎の販売促進にご尽力いただくとともに、出店に関する情報をいただくなど、これまで以上の相互理解とコミュニケーションを確立し、エリア形成の核としてネットワークを広げていただいている。

さらに、出店攻勢と並行して「治一郎のラスク」「治一郎のプリン」「治一郎のロールケーキ」「治一郎のバターカステラ」「治一郎のガトーショコラ」など、バウムクーヘン以外の治一郎ブランドの商品ラインナップも拡充していった。

新たに開発した商品群も店頭に並び、それぞれ固定ファンもつくようになった。

かくして、治一郎は一本立ちし、ほどなくヤタローグループの稼ぎ頭にまで成長した。発売から5年目の２００７（平成19）年度に年商１・５億円だった「治一郎のバウムクーヘン」は、今や全国に29店舗を展開し、年商56億円を稼ぎ出す看板商品となったのである。

## 先代社長の急逝を受けて、いきなり代表取締役社長に就任

私が入社した１９７１（昭和46）年10月当時、株式会社ヤタローは会社設立から23年目、前身である中村時商店の創業から数えると38年目であった。

この年は、高度経済成長期の終焉の年と言われている。高度経済成長期の前半、昭和30年代までの日本は、苦労は多くとも「頑張れば、いつかは報われる」国であったと言えるだろう。そんな時代の中で、ヤタローは、曲がりなりにも順調に成長を続けてきた。

その後、昭和40年代に入るとこの状況が少し変わってきた。製パン業界の動きは、言ってみれば「群雄割拠の戦国時代」から「天下統一を目指す時代」へとシフトしていったの

である。

大手は都会から離れた地方へ次々と特約店づくりの攻勢をかけていく。その一方で、現地の中小・零細企業は、大手に吸収されるか、さもなければ廃業に追い込まれていった。業界最大手の山崎製パン株式会社を筆頭に、二番手・三番手を競う名古屋の敷島製パン株式会社（Pasco）とフジパン株式会社、大阪に本社を置く株式会社神戸屋など。この頃は年商売上くらいでパン屋が売り買いされていた。

地元で長年親しまれてきた「町のパン屋さん」はどんどん姿を消し、大手のフランチャイズチェーンに看板を掛け替えるか、店を畳んで廃業するかの二者択一を迫られていく。そんな厳しい状況の中にヤタローも追い込まれていたのであった。

昭和40年代前半までのヤタローは、前述した浜松市丸塚町の本社工場の敷地の拡張や施設の増設、新たに静岡営業所を開設するなど、まだ事業拡大に向けた設備投資を行なっていた。だが、私の入社する5年ほど前から、こうした積極的な動きは鳴りをひそめていた。

私がヤタローに入社した時、業界大手のF社が3億5千万円でヤタローを購入するという契約書が作成されていたくらいであった。そんな状況だったにもかかわらず、中村時が、私のどこを気に入ってヤタローに誘ってくれたものか、正直なところよくわからない。だが、私はその誘いを受けて、浜松にやってきた。

そして、ヤタロー入社から７年後の１９７７（昭和52）年６月、義父・中村時社長の急逝を受けて、私は跡を継ぎ株式会社ヤタロー代表取締役社長に就任したのである。

## 山梨でＯＥＭの道を思いつく

「身売り寸前だった株式会社ヤタローが、ＯＥＭに活路を見出した」ということについては、前段で結果のみ簡単に触れているが、ここではより詳しく述べておこう。

その頃、業界最大手のＹ社は、日本全国に構築した拠点網が完成に近づきつつあった。浜松市内も含めて、地方都市の中小事業者はどこもたいてい経営が苦しかったから、自分から頭を下げてＹ社や他の大手製パン会社の傘下に馳せ参じる者も少なくなかった。

遠州地区にも大手製パン会社が進出してきた影響により、当時のヤタローの売上の柱であったパンの卸売りの得意先は次々に失われ、特約店は１０００店から６５０店に激減してしまった。

１５０人の従業員とその家族の生活のために――彼らを解雇することなく、今後も給料を支払い続けるために、私が〝大手とのＯＥＭ契約〟という窮余の一策を思いついたのは、次のようなきっかけがあってのことだった。

２代目社長に就任してまもなく、私はたまたま、同業である山梨県の製パン会社の本社工場を見学させていただく機会があった。その時、初めて、そこで大手菓子製造メーカーP社チェーンの菓子パンが製造されていることを知ったのである。

当時、P社は、マスコットキャラクターを前面に押し立て、全国展開に乗り出していた。山梨の製パン会社では、このP社へのOEM供給を行なっていたのだ。

浜松へ帰った私は、ヤタローでもP社のOEMを受注できないものかどうか、検討してみた。

甲府の製パン会社にできるのであれば、当時のヤタローにも技術的にはさほど難しいことではないだろうと考えたのである。ところが、P社本社との間に適当なパイプがなかった。そこで、当時、日本製粉株式会社（現・株式会社ニップン）の横浜営業所長であった勝田義雄氏――その日、ちょうど定期巡回訪問に見えられていた――に経緯を話して、P社の東京本社に紹介してくれるように依頼してみた。

しかし――後日になって、勝田氏は熟慮の末に、依頼したP社ではなく、代わりに中村屋（株式会社中村屋）さんを紹介してくれるとおっしゃった。当然、私はその理由について説明を求めた。それに対する勝田氏の回答は、次の3つであった。

・元は同業のパン屋で手本となる歴史をもっている
・中村屋さんの社風

・当時、Ｐ社は組合活動が活発だったこと

当時の私の本音としては、ＯＥＭ先がＰ社であろうと中村屋さんであろうと、正直なところ、どちらでも良かった。だが、勝田氏は当事者である私以上に真剣にヤタローの将来について考え、どちらを選べばより我われのためになるのかを吟味して提案してくださったのである。

かくして、１９７７（昭和52）年8月には中村屋さんと一部商品についての下請契約が成立した。これが後述する中村屋さんへのＯＤＭ供給につながっていくのである。

## 「レモンケーキ」か「バウムクーヘン」かの選択

下請契約が成立したことで、中村屋さんの営業部長が浜松までやって来て、私に言った。

「ＯＥＭ生産をお願いしたい商品としては、『レモンケーキ』と『バウムクーヘン』の2種類があります。もちろん、つくるのはどちらか一方で構わない。どちらをお願いできますか……？」

私はバウムクーヘンを選択することにした。

理由はいくつかあったが、いちばん大きな理由は、市場が拡大した時に生き残れる商品かどうかということだ。

バウムクーヘンは、製造者が大手であっても中小であっても、機械化が難しく、ひと巻きずつ手でつくらなければいけない。一方で、レモンケーキの製造は機械化ができる。機械化に成功すれば、機関銃の弾のようなスピードで生産ができる。つまり、レモンケーキのブームが到来して、爆発的に売れるようになったら、当然、大規模な機械化ができる大手が、確実に勝つ。同じレベルで勝負できるのは、レモンケーキではなくバウムクーヘンのような手づくり商品。ヤタローは大手に負けないために、レモンケーキではなくバウムクーヘンを選んだのだ。

そもそも、機械化の難しい手づくりの商品だということで、大手は手を出したがらない。そこに目をつけ、敢えて手づくりの商品しかつくらないことが、ヤタローの作戦だったのである。

先述の通り、大手と勝負して勝てるかどうかは考えるが、大手になるつもりはない。「他社が同じことをできない」領域で製造をするために、手づくりの商品を選ぶこととし、その中の一つがバウムクーヘンだったのだ。

中村屋さんへのＯＥＭ供給商品として、レモンケーキではなくバウムクーヘンを選んだ我われであったが、当初はなかなか中村屋さんの合格点をいただけなかった。元々、中村屋さんは自社製造を基本とする会社であり、ＯＥＭで製造しているのは「かりんとう」などごく一部の商品のみ。ＯＥＭのパン屋はヤタロー1社のみであった。

なお、現在は食品メーカーと飲食店経営を主な事業とする中村屋さんだが、１９０１（明治34）年の創業当初は、東京市本郷区（現・東京都文京区）の小さなパン屋であった。その後、豊多摩郡内藤新宿町（現・東京都新宿区）に本社を移すと和菓子づくりを始め、さらに洋菓子づくりへと手を拡げていった。歴史的にも、業態の発展過程からいっても、ヤタローから見れば偉大なる先達である。

中村屋さんとの話し合いで、基本方針として「柔らかいもの」を目指すこととなった。そこで私は、「柔らかいバウムクーヘン」の製法を求め、兵庫県姫路市の岡野食品産業株式会社と、地元・浜松市の浜松明治乳業株式会社（現・東海明治株式会社）に教えを請うこととなった。いずれも、バウムクーヘンの製造を行なっている会社だが、岡野食品産業からはバウムクーヘンに必要な材料の配合を教わり、浜松明治乳業からは使用している油脂について教わった形だ。

岡野食品産業は、前出の業界最大手のY社と同じ１９４８（昭和23）年に和菓子・洋菓子の生産を開始すると、14年後の１９６２（昭和37）年には菓子専用工場を新設するほど菓子づくりに力を入れていた。当時この岡野食品産業のバウムクーヘンが最も「柔らかい」と評判であった。

同社の2代目社長の故・岡野直一氏と私は、後述するヨーロッパ製パン業界視察研修で知り合い、意気投合した仲だ。

そういった縁もあって岡野食品産業に配合を教わり、バウムクーヘンをつくったところ、確かに柔らかくはなったが、それでもまだ十分な出来上がりではなかった。さらに柔らかいバウムクーヘンをつくるにはどうすれば良いか、と考えて、今度は浜松明治乳業のつくるバウムクーヘンが柔らかいことに目をつけた。

浜松明治乳業のバウムクーヘンは、柔らかい上に、表面に油が浮いているようにつややかだった。これまで見てきたバウムクーヘンがパサパサとしていたのと違い、浜松明治乳業のバウムクーヘンはしっとりとしていたのだ。そのため、浜松明治乳業の中村辰俊氏に、「どうしてこれほどしっとりしたバウムクーヘンがつくれるのか」と聞いたところ、「日本油脂（現・日油株式会社）さんのサンショートを使っている」という回答が返ってきた。

そうしてようやく、中村屋さんに納められるような柔らかいバウムクーヘンが出来上がった。とはいえ ―― これはまだ、我われのめざすバウムクーヘンづくりのほんの入口に過ぎなかった。

## 個包装と日持ちへの挑戦

試作段階の「硬いバウムクーヘン」から、サンショートを用いた「柔らかいバウムクーヘン」を何とか完成すると、次に問題となったのは商品の日持ちであった。

元々、バウムクーヘンという食べ物はホール単位で販売され、客先で適宜切り分けて召し上がっていただくものであった。

当時、食べやすさを重視しホール直径を小さくした食べきりサイズのバウムクーヘンもあったが、10個程度が大袋に入ったものだった。そこで、我われは食べきりサイズのバウムクーヘンを一つひとつ個包装することで、さらに食べやすさを追求することにした。

当時使用していた直径75mmサイズのバウムクーヘンの焼成機

この直径75㎜サイズのバウムクーヘンは型番で「75π（パイ）」と呼ばれ、「手軽で食べやすく、手が汚れない」個包装という販売形式が好評を博した。同商品は発売と同時に大きな話題となり、その後、各メーカーが競って参入してくるヒット商品となった。

食品の長期保存において、最大の敵は「酸素」である。

酸素は呼吸する生物の生存に必要不可欠な元素であるが、同時に「酸化」を生み出す厄介な物質でもある。

菌や微生物が付着しなければ食品が腐敗することはないが、光や熱によって活性化した酸素に触れることで食品は容易に酸化する。酸化を防ぎ、食品の長期保存を実現する技術として、当時は「脱酸素剤を使用し、箱単位で密封する」というやり方がようやく普及し始めた時期であった。だが、この包装は封を切るとすぐに全部のお菓子を食べなければならず、不便さをもっていた。

一方、大衆的な価格で販売されるバウムクーヘンで、酸化を防ぎ、長期保存を可能とするために、ヤタローでは「真空包装」というやり方を採用した。これは、同じ静岡県内の掛川市のお茶農家で茶葉包装用に使用されていた真空包装機をヒントに、同郷のよしみで辻村商店や掛川農協の協力を得て転用した方法である。最初期の頃には、手作業で一つひとつ製品を袋詰めしてから、真空包装機で密封していくやり方で、1回50秒で10個しか包装できず、非常に手間も時間もかかるやり方であった。繁忙期には、当時の営業部長や総務部長といった幹部も率先して応援に駆け付け、24時間交替で包装作業を手伝った。文字通り、全社一丸となって取り組んだものだった。バウムクーヘンの生産を始めてから最大の苦労の時期だったと思う。

これにより、製造日から1カ月以上の賞味期限を実現し、「75πの個包装バウムクーヘン」は中村屋さんのブランドの下でたちまち人気商品となっていったのである。

## 真空から置換率９割の包装で生産量が飛躍的にアップ

中村屋さんの個包装バウムクーヘンの人気上昇にともない、事業規模の拡大が求められることになった。だが、この商品を大量生産するということは、単にバウムクーヘンを大量に焼けばいいというものではない。人海戦術による個包装のやり方ではどう考えても対応できないため、個包装技術の根本的な改革が必要だった。

そこで、中村屋さんから技術者を招聘してもらって意見を求めることにした。すると、彼はこんなことを言い出した。

「ガス置換というのは、袋の中の空気の９割を窒素に置換できれば大丈夫ですよ」

些細なことだが、我われにとっては「目から鱗が落ちる」と言ってもいいくらいの大発見であった。手作業の真空包装機からガス置換率の9割ながら連続で窒素充填できる包装機に変えることができれば、作業時間はその分大幅に短縮することができる。

さらに、専用のガス置換包装機を導入したことで、連続高速包装が可能となり、出荷までの作業時間は画期的な改善を見せたのである。

また、包装フィルムを製造している地元・浜松の須田産業株式会社の指導により、ピンホール検査など包装材の安全性も確保することが可能となった。

これらの要因が組み合わさった結果、製

中村屋さんで販売された頃のバウムクーヘン

品の生産量（＝出荷量）は飛躍的に増大した。

　ＯＥＭ供給のスタートから5年目の１９８２（昭和57）年頃には最盛期を迎え、年間１３００万個の生産を達成することができた。製品１個当たりの高さを15㎜とすると、１３００万個を積み上げた高さは約20万ｍとなる。これは、富士山（標高３７７６ｍ）の53倍分に相当する高さだ。

　元々、積極的にやりたかったわけではないＯＥＭ契約であり、バウムクーヘンづくりであったが――１５０人の従業員とその家族の生活のために始めたバウムクーヘンの仕事は、いつしかヤタローにとって欠かせない重要な事業の一つとなっていた。

　ＯＥＭによる収入で一息つくことができたため、その間に営業部隊はローラー作戦

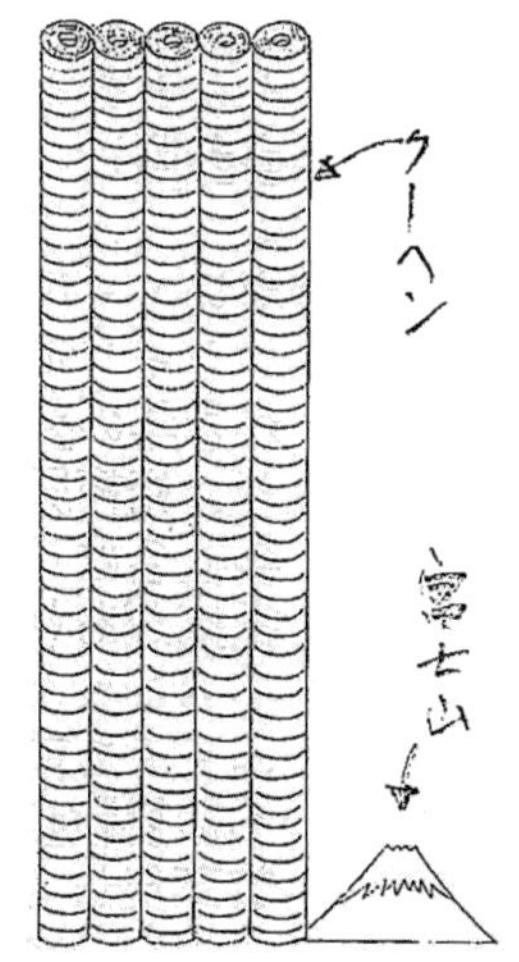


当時、太田社長が社内報に書いた富士山とバウムクーヘンのイラスト

を敢行することができ、特約店のうち失われた350店分を回復しただけでなく、さらに新規の特約店を上乗せすることにも成功した。

だが、好事魔多し――これらの成功の陰で、密かに次なるピンチが忍び寄りつつあったのである。

## 第一次バウムクーヘンブームの終了と新製品への挑戦

年間1300万個の生産を記録した1982年は、「中村屋の個包装バウムクーヘン」のブームのピークと言ってよかった。ピークを過ぎたヒット商品には、衰退の運命が待っている。

もちろん、売れ行きが急激に落ち込むか、あるいは徐々にじり貧になっていくかは、商品によるところが大きいので一概には言えないが、中村屋さんのバウムクーヘンの場合はどうやら前者のパターンであったようだ。凋落は、ピークの翌年から始まっていた。売れ行きの下落は、文字通りとどまるところを知らなかった。生産個数がピーク時から半減するのに、大した時間はかからなかった。半減程度では収まらず、4分の1に、8分の1に、16分の1に……と急坂を転げ落ちるように出荷量が減少していく。これにともない、売上もみるみる落ち込んでいった。

原因として考えられるのは、一つにはこの頃、大手メーカーがバウムクーヘン市場に参入し、コンビニエンスストア・チェーンを中心に、「中村屋の個包装バウムクーヘン」に類似した商品が大量に出回り始めていたことなどが挙げられる。大手メーカーの資本力で大量供給された類似品により、一気に陳腐化が進んでしまったのである。

しかし、この頃になると、中村屋さんへのバウムクーヘン納入はＯＥＭの領域を超え、ＯＤＭ（Original Design Manufacturing）と称しても恥ずかしくないレベルに到達していた。すなわち、製品の生産だけでなく、企画・開発設計まで含めて、ヤタローとして請けていたのである。中村屋さんの指導によって製造されていた当初のバウムクーヘンのままではなく、原料の配合や製法に独自の改良を加えて何度かリニューアルされており、ＯＤＭ供給という形はほぼ確立していた。

そして、この第一次バウムクーヘンブームの終了と前後して、中村屋さんからは「今後は、ヤタローが自社ブランドでバウムクーヘンを製造・販売してもいい」という許可を受けることになった。すなわち、中村屋さんが独自のバウムクーヘンの製法を完成させるために、ヤタローが果たしてきた役割を評価し、ヤタローのブランド価値を認めていただいた、ということだ。

その日から、ヤタローのオリジナル商品としてのバウムクーヘンづくりへの挑戦がスタートした。「より柔らかく、よりしっとりしたバウムクーヘンを！」。

それが、我われの新たな目標となった。

## 「らっか方式」の営業手法を導入し、人気商品への基礎力を養う

中村屋さんから自社ブランドでのバウムクーヘンの製造・販売を許可された代わりに、それまでヤタローがＯＤＭ供給してきた中村屋ブランドのバウムクーヘンの売上はゼロになった。最盛時には年間１３００万個を生産していた商品がゼロになったのだから、早急に代わりとなる商品を開発する必要に迫られたのは言うまでもない。

だが、我われが持っている商品開発の有効な手法は、たった一つしかなかった。

すなわち、第1章で述べた「らっか方式」である。

ひたすら商品をつくり続け、店舗で売り続け、売れ残りを集めては直売店へ持っていき、半値で売り続け……そうやって〝商品を育てる〟というやり方である。

この時点でヤタローがつくっていたバウムクーヘンは、中村屋さんに納入していたものとほぼ同じである。ということは、市場のブームを過ぎ、陳腐化して売れ行きが落ちた、ただの個包装バウムクーヘンということになる。そうそう売れるはずがない。

こうして再び、我われの挑戦の日々が続いた。

ヤタローオリジナル商品としてのバウムクーヘン。まだ「治一郎」というブランド名こそついていなかったが、それは、中村屋ブランドで販売されていたかつてのヒット商品とは明らかに違うものでなければならない。ならば、どういう点で差別化するか？

バウムクーヘンの生地の原料は、小麦粉、砂糖、卵、油脂。これらの原料そのものは、産地や鮮度に微妙な違いこそあれ、基本的には変えることができない。果実などのフレーバーを加えることで味はいくらでも変えられるが、それは次の段階の話である。まずは、オーソドックスな卵風味のバウムクーヘンを完成させなければならない。

そこで、原料の配合比率の工夫からスタートした。味そのものよりも、舌触りや食感、

当時のバウムクーヘン焼成の様子

のど越しなどの口当たりの違いで、より美味しく感じられるように様々な配合比率を試してみた。

次に、芯棒に巻き付ける際の生地の厚みを微調整してみた。例えば、水分含有率を多くすれば、生地は重みで垂れ下がってしまい、うまく芯棒に巻き付けられない。逆に、水分含有率を少なくすると、焼き上げる工程で生地が硬くなってしまい、焼き上がりはパサパサで粉っぽくなってしまう。この微妙な調整は難問であった。

様々なパターンを試しながら、毎回焼き上げた製品を出荷し、店頭に並べて様子を見る。売れ行きはいい時もあれば悪い時もあったが、なかなか突き抜けることはできず、総じてドングリの背比べであったように思う。しかし、工場の職人たちも、店舗の販売員たちも、試行錯誤を繰り返しながら「新しいバウムクーヘン」の確立を目指してチャレンジを続けていった。

## 使い古しの焼成機だからできた、治一郎のバウムクーヘン

現在では全国に多くのファンを持つ「治一郎のバウムクーヘン」であるが、これが元は失敗作から誕生した――と明かせば、あるいは驚かれる方もいらっしゃるかもしれない。

失敗作――オーブンの火加減か、加熱時間の微妙な違いか、生地の配合か、その時点

では原因はわからなかったが ―― ある日ある時、不思議な食感のバウムクーヘンが焼き上がったのである。

常日頃つくっているバウムクーヘンに比べて、水分の含有量が微妙に多く、しっとりとした食感。バウムクーヘンという洋菓子は、元もと芯までふんわりとスポンジ状に焼き上げているから、口に入れると口腔内の唾液を吸収してしまい、喉が渇く。一口目、二口目はまだいいとして、おしまいのほうはコーヒーや紅茶を飲みながらでないと上手く飲みこめない。

それは必ずしも欠点というわけではなく、食べる人は「そういうものだ」と納得して食べているのであるが……その時、偶然焼き上がったバウムクーヘンには、そういう感じがまるでしなかった。飲み物がなくても、すんなりと喉を通っていく感じ。

「こんなバウムクーヘンは今まで食べたことがない ―― 」

試食した誰もが、異口同音にそんな感想を口にした。もし、頭の固い人間ばかりであったら、その場で「こんなものはバウムクーヘンではない」と否定していたかもしれない。少なくともそれは、「中村屋のバウムクーヘン」として出荷するには規格外であったことは間違いなかった。

そのままであれば、ただの「失敗作」として店頭に並ぶこともなく破棄されていただろ

開発当初、失敗作を生んだ旧式のバウムクーヘンの焼成機

う。だが、後から考えれば幸いなことながら、そういうことにはならなかった。

「これは、新しいバウムクーヘンだ！」

「どうすればこの食感を再現できるのか？」

そう考える者が少なからずいた。当時、工場長の地位にあった太田雅之もその一人である。

その日から、この新しいバウムクーヘンを如何に再現するかの研究がひそかに開始された。

もちろん、当時は商品開発のための研究室があるわけでもなく、専任の開発スタッフが常駐しているわけでもない。週に一度、その日の通常業務を終えた後、太田工場長以下の有志のメンバーが自主的に会社に居残り、夜中まで試作に取り組んでいたのである。

それは、試行錯誤の長いながい日々の始まりでもあった。

卵や小麦粉など、使用する原料もよく吟味し、乳化の具合を何度も工夫した。品質の良い小麦粉を入手するには、日本製粉株式会社（現・株式会社ニップン）の担当者にもご尽力いただいた。

現場で特に苦労したのが、使用する油脂の成分であった。一般に、しっとりと柔らかい焼き上がりになるためには、卵由来の水分量が多いことと、油の融点が低いことが重要になる。洋菓子に使用される油脂の中でもっとも高級とされるのはバターであったが、バターは固形脂であるためにどうしても融点が高くなり、焼き上がりが硬くパサパサになってしまう。液体脂であれば融点は低いが、通常手に入る安価な液体脂では、バターの風味にとうてい及ばない。そこで、株式会社平出章商店や日本油脂株式会社（現・日油株式会社）の協力を得て融点の低い液体脂を共同開発する一方で、バターと生クリームを混ぜて風味のある生地の配合を工夫した。

さらに、オーブンの温度や加熱時間を変えてみたり、芯の回転速度を変えてみたりした。当時使用していたオーブンは非常に年季の入った旧式の機械で、火力も弱く、密閉度も低いものだったが——怪我の功名というべきだろう。「やわらか・しっとり系のバウムクーヘン」を焼き上げるには、この旧式の焼成機はかえって都合がよかったのである。

水分量の多い生地は、通常のバウムクーヘンと同じように芯に巻いていくと、自重で下に垂れ落ちてしまう。通常よりも薄く伸ばした生地を、ときどき手で押さえながら巻き上げていくのは熟練した菓子職人の技術が必要だった。そして、オーブンで焼き上げるのにも、火が通ったか通らないかのギリギリのタイミングを見極める技術が必要だった。

数えきれないほどの失敗を重ねる中、ときどき「これは!」と思える試作品が出来上がったものの、それとそっくり同じやり方でつくったつもりの製品では何故か再現できなかったこともあった。そんな試行錯誤を繰り返した末に、ようやく、最初のきっかけとなった「失敗作」にきわめて近い製品をつくり出すことに成功したのである。

こうして商品化された新しいバウムクーヘンは、当時のヤタローグループのメインブランドである焼きたてベーカリー「シャンボール」の店の隅で販売を開始した。

この新しいバウムクーヘンを完成させる原動力となった菓子職人の名前から「治一郎のバウムクーヘン」と命名した。その後、地元・浜松市の商工会議所が2005(平成17)年にスタートした「やらまいかブランド」の商品の一つに認定されている。

「やらまいかブランド」とは、浜松地域の特産品や様々な地域資源(素材・歴史・文化・

技術）を活用した商品のうち、「やらまいか精神」にあふれ、さらなる成長が期待できる新商品に対して、浜松商工会議所が認定する地域ブランドだ。ヤタローグループはこの「やらまいかブランド」の立ち上げの主力メンバーであり、私自身も発起人の一人に名を連ねている。

実は、私が最初に「やらまいかブランド」に提案したのは「らっか」のほうだった。だが、「やらまいか認定委員」から「らっか」のような和菓子出品が多い中、洋菓子のバウムクーヘンが目について「治一郎のバウムクーヘン」と差し換えを求められ、私も納得したという経緯がある。

この時の認定委員のメンバーは、浜松市商工会議所副会頭（当時）の山口治郎氏

商品化された当時の「治一郎のバウムクーヘン」

と、特別委員長の杉山治一氏だった。私を含めたこの3人が中心になり10年かけて育てた、浜松市民映画館「シネマイーラ」を支援する役員となっていたのだが、後日忘年会の席で、お二人のお名前を合わせると「治一郎」になるという話で盛り上がったことを覚えている。「治一郎」に差し換えていただいたのも、これも何かの縁なのかもしれない。このような逸話が積み重なって「治一郎のバウムクーヘン」がデビューしたのである。

## 通販サイト「楽天」で第1位に

「治一郎のバウムクーヘン」は、ヤタローグループ直営店舗である「シャンボール」での店頭販売のほかに、当時黎明期にあったインターネット通販でも取り扱うことにした。

インターネット通販をスタートした頃は、国内のEC市場規模が現在とは比べ物にならないほど小さかった時代であった。

そこで、当時はまだ新入社員だった石川綾美（現・執行役員）を担当に任命し、ヤタローグループ内部で配送まで一気通貫で行なう仕組みをつくらせることにした。石川は彼女なりに頑張っていたようだが、しょせん素人のやることでもあり、初月の通販売上はわずか5000円であった。

その後、徐々に口コミで評判が広まり、ある程度安定して売上が上がるようになっていったが、注文が増えるに伴い、ヤタローグループ内部と並行して外部の通販サイトも利用することにした。これが楽天サイトであり、一時は通販売上全体の６割強を楽天が占めるようになっていた。

楽天サイトでは部門別の売上ランキングを表示する機能があり、最盛期にはバウムクーヘン部門で「治一郎のバウムクーヘン」は売上ランキング第1位を占める人気商品となった。

しかし、楽天サイト経由での売上にはマージンがかかる。また、前述のランキングで売上上位をキープするには販促金もかかる。利益率で言えばグループ内で配送まで完了させたほうが断然得である。そこで、ある時、10年以上利用してきた楽天サイトの契約を解約することにした。これは、通販売上の６割を放棄する覚悟が必要であったが、それでもなお、断行しなければならない。それは独自な販路にこだわったからだ。幸い、楽天を解約する頃には、実店舗数も増えてきており、インターネット通販の一時的な売上減を十分にカバーすることができた。

今日では、自社運営サイトを通じてのインターネット通販売上は、大きく数字を伸ばし、直営店舗とともに重要な販売チャネルの一つとなっている。

## 治一郎を全国に浸透させるための3つの戦略出店

この当時はまだ、ヤタローグループの看板である「シャンボール」ブランドの展開を優先していた時期で、バウムクーヘンに特化した店舗はごく小規模な展開にとどまっていた。しかし、焼きたてベーカリー「シャンボール」による高級パンの小売事業は、この頃から徐々に衰退していき、これと入れ替わるような形で、ヤタローグループはバウムクーヘン専門店の出店に注力していった。

「治一郎」の名前を全国に浸透させるために、最も多くの人が集散する場として狙ったのが次に述べる3カ所への出店である。

まず、京都市下京区の四条通河原町に「クーヘンスタジオ治一郎　京都マルイ店」をオープンしたのは2011（平成23）年のことであった。残念ながら、同店はその後、2019（令和元）年に閉店することになったが、京都市内では「治一郎　大丸京都店」が臨時売場から常設店となり、2020（令和2）年6月から営業を続けている。

2つ目に2012（平成24）年1月には、国内航空便のターミナルの頂点とも言うべき羽田空港への進出を果たした。直営店という形ではないが、羽田空港内では、ブランドを広げていくため土産物コーナーでの販売となったが10カ所ある売場はどこも人気を博している。2023(令和5)年現在、羽田空港第1旅客ターミナル2階のPIER4で販売されている「治一郎バウムクーヘン」は、同空港内の「土産物特選」の一つに選定されている。

そして3つ目に、10年をかけて2021(令和3)年4月東京駅内の「エキュート東京」へ出店(東京駅内工事のため令和6年8月閉店)。そして2024(令和6)年11月東京駅前の「KITTE丸の内」への出店により、「治一郎」ブランドの浸透をめざす3つの戦略出店が完了した。これでようやく、我われは「次のステップ」に進むことができる。

羽田空港で販売されている「治一郎のバウムクーヘン」

# 第2部

# 第3章

## 山猿、三ケ日で蝮(まむし)となる

能登輪島より遠州浜松に至る道程

# Ⅰ　家族

私が生まれたのは太平洋戦争のさなか、1943（昭和18）年4月のことだ。

現在の石川県輪島市である。2024年1月1日の「能登半島地震」では甚大な被害を受けた地域である。本著執筆をしている現在でも、多くの方が避難所などで大変に不自由な生活をされている。此度の地震において、亡くなった皆様へ心より哀悼の念をお送りすると共に、被害を受けた皆様に心よりお見舞いを申し上げたい。――当時の行政区分では、輪島町といくつかの村に分かれていたが、河井町新田町というところに生家があり、両親ともに教師という家庭であった。

中学時代　友人たちと著者［左端］

当時の私の名は、平松伸宏。平松家の長男として誕生した。上には姉が一人いて、戦後になってから弟と妹が生まれた。生家では、両親と祖母、４人兄弟の7人暮らしであった。私が生まれた当時、父は金沢市内にある石川県師範学校附属小学校（現・金沢大学人間社会学域学校教育学類附属小学校）で教鞭を執っていた。正式名称はこの通り長いので、かつては単に「附属小学校」と呼び、現在は「金沢大学附属小学校」と呼ばれている。

後に聞かされた話によると、終戦直後の一時期――すなわち、私が物心つくかつかない頃、母の転勤で一家がバラバラに暮らしていたことがあったという。この時期、父は金沢市内で一人暮らしという形になっていた。

少々余談になるが――石川県には「麻雀王国」なる異名があり、昔から麻雀が盛んな土地として知られていた。この傾向は、実は現在に至るも同様である。参考までに、日本ソフト販売株式会社の発表した「人口当たりのマージャンクラブ数」が多い都道府県ランキング（２０２２〈令和４〉年1月時点）で石川県は全国1位（人口10万人当たり４・３軒）というデータがある。第2位は福井県（同４・２軒）で、麻雀というゲームが、いかに北陸地方に深く根づいているかがよくわかるだろう。北陸の長い冬は深い雪に閉ざされ、できる遊びは少ない。そのため、室内で遊べる娯楽が盛んになったと考えられる。父は、輪島に麻雀を持ち込んだ先駆者であったようだ。そんな父の子に生まれただけに、私も弟もほんの子どもの頃から家庭麻雀のメンツに引き込まれたものだった――。

その一方で、父は教師としても優秀だったらしく、生徒や父兄からの評判もよかった。学校の授業で教わるだけでなく、家庭教師としてわが子に個人的に勉強を教えてもらいたがる父兄もいて、その一人が加賀前田家第17代当主の前田利建（としたつ）氏であった。

ご子息である利祐（としやす）氏は、将来はお父上の後を継いで第18代当主となる血筋であった。利祐氏は小学校4年の時に金沢に疎開され、利祐氏の母親から父平松幹雄が頼まれて、金沢で復職しながら、時間外で家庭教師となったと聞いている。その後、全国石川県人会連合会会長の公職を歴任されており、私も石川（静岡）県人会で親しくお付き合いさせていいただいている。その後利祐氏の御子息（19代利宜（としたか）氏）が株式会社ヤタローの子会社である株式会社丸善パン（京都）のお得意先であるI社の社長であることがわかり、公私にわたり親しく交流する機会をいただいている。

一方、母は私が生まれた当時は三井小学校（現・輪島市立三井小学校）の教師であったが、終戦直後に三井小学校内屋分校（1979〈昭和54〉年に三井小学校に統合される）へ転勤となり、折からの食料難も手伝って、金沢市内の父、新田町の生家を守る祖母と姉、内屋地区へ赴任した母と私と、一家が分かれて暮らすことになったのは前述した通りだ。

半年ほどの間であるが、母はこの頃、私の弟を身ごもっており、身重の身体で両手にどっさり荷物を持ち、1里（約3・9km）の雪道を2時間かけて毎週のように通っていたという。また、母は乏しい食料を補うため、当時2歳の私を一人分校の当直室に残して、放課後に山へきのこ狩りに行くことがたびたびあった。そんな時には、私は大声で母を呼びながら留守番の寂しさに耐えていた――そんなことをうっすらと覚えている。

男の子は女親に似る――とはよく言われるところだが、私自身も、父より母のDNAを色濃く受け継いでいるように思う。母方の親戚の顔を思い浮かべても、母の身内は誰もが皆非常にパワフルで、他人に及

中学時代［先生と友人：右端が著者］

ぼす影響力が強かった。やはり、そういうＤＮＡを伝えてきた家系なのかもしれない。

「徳は孤ならず必ず隣あり」という言葉がある。儒教の代表的な経典の一つである『論語』の一節で、「徳のある者は孤立することがなく、理解し助力する人が必ず現れる」といった意味だ。自分の母に対して「有徳の人」と言ってしまうのは少々面映ゆいが、母には知らずしらず周囲の人びとを集めてしまう不思議な魅力があり、それ故に、我が家はごく自然と「人の集まる家」になっていった。

後で詳しく述べるが、「にいさん」こと山田稔氏、「ターちゃん」こと元岡忠行氏など、私が上京後の生活で何かとお世話になることになる人びととのご縁が生まれたのも、母を通じてのことであった。その意味では、生家を離れた後も、私は母の恩恵に与って生きてきたことになる。

## Ⅱ　輪島

私の幼少期は、地元・輪島の戦後の復興期と重なり合う。

ベビーブームによる人口の急増と、地場産業としての輪島塗の興隆、さらに、折からの国内観光ブームで能登半島の人気が高まっていたこともあって、この時代の輪島は経済的にも潤っていて大いに発展を続けていた。

とはいえ、私の場合、そんな「我が郷土」への愛情も愛着も、輪島の誇る名勝や名産品以上に、今もそこに暮らす人びとに対して向けられている。私が輪島を離れてすでに65年以上の月日が流れており、幼少時にお世話になった方がたはもちろん、同世代の友達でさえぼちぼち鬼籍に入ろうという年代となってしまったが、たとえ直接私を知る人が一人もいなくなってしまったとしても、その思いは少しも変わることはないだろう。

何故なら、能登の輪島の人びとには、人情を大切にする心の温かさ、人を好きになる情熱が根づいているからだ。そして、それこそが、私の望郷の念の原点なのである。

私は１９５０（昭和25）年４月、戦前の男児校から男女共学校に生まれ変わった輪島小学校（現・輪島市立河井小学校）に入学した。そして、５年生に進級する前日の１９５４（昭和29）年３月末日、鳳至郡輪島町と周辺６カ村が合併して輪島市が発足した。

１９５６（昭和31）年４月、地元の輪島中学校に入学した私は、どうしたはずみか、最初の学年共通テストで全校１位になってしまった。なまじ一度でもこんな好成績を取ってしまうと、今さら同級生たちに負けるのも癪であり、意地になって勉強に励んだ結果、卒業するまで３年間首席の座を誰にも譲らなかった。輪島中は地元きってのマンモス校であり、私の学年は８クラス・４２０人弱の人数がいたのだが、３年間に十数回行なわれたテストでは、首席の私以下、上位3人の顔ぶれは常に変わらなかった。次席を堅持した大場勝氏とは、幼稚園時代からの付き合いで、その後、社会に出てからもさまざまな形で交流が続き、生涯にわたる親友となった。

こうしたライバルたちとの競い合い、切磋琢磨の日々は、私の中に得難い宝物を残してくれたように思う。それは、全員横並びの馴れ合いの関係では決して築くことのできない本気同士の人間関係であり、輪島中学校時代の3年間が、その後の私にとって「勝負強さ」「粘り強さ」の原点を形成しているに違いない。

## Ⅲ 附高

1959(昭和34)年、輪島中学校を卒業すると、私は北陸最大の都市・石川県金沢市の金沢大附属高等学校へ進学することになった。当時の正式な学校名を「金沢大学教育学部附属実験学校」という(なお、現在の正式名称は「金沢大学人間社会学域学校教育学類附属高等学校」であり、これは日本一長い高校名とされている)。我われ学生は「附高」と略称していた。

北信越地方で唯一の国立高校であり、「実験学校」という名称が示すように、当時の一般的な高校に比べると試験の回数は少なめで、夏休みなどの期間は少し長めに設定されて

当時の金沢大附属高校

いた。３クラス・１６５人から成る私の学年は、石川県・福井県・富山県の北陸３県から選りすぐりの優秀な学生たちが集められていた。

高校での最初の試験の結果、私の成績はちょうど真ん中あたり――つまり、80番台であった。中学3年間、誰にも負けたことのなかった私にとって、それは、ものの見事に天狗の鼻をへし折られた瞬間だった。「世の中には、自分よりも勉強のできる奴がこんなにたくさんいるのか……!?」

中学卒業時の成績は苦手な音楽も含めてオール5、「輪島始まって以来の秀才」と持ち上げられた「奥能登のコケ猿」にとって、それは生半可なショックでは済まなかった。誰かに負けるにしても、10番台とか、せめて20番台であれば、「上には上がいる」と思い知らされる程度で済んだかもしれない。だが、学年の約半数は私よりも上だという結果は、自分が如何に井の中の蛙であったかという厳しい現実を嫌というほど突きつけてくるものだった。

そこで私は、勉強や学校の成績順位に代わるものとして「自分を活かせる別の道」を探し始めた。進学校だけにスポーツ活動はあまり盛んではなかったため、下手の横好きながらも、バレーボールや硬式野球、サッカーなど、部活動の地区予選大会に員数合わせの助っ人としてたびたび駆り出されることになったが――高校3年間を通じてついに公式戦未勝利、勝利の味を一度も味わったことがなかったと言えば、どの程度の実力であったかは容易に察せられるだろう。

その代わり、種目を問わず何にでも参加したお陰で、もしもギネスブックに「高等学校インターハイ地区予選出場回数」という項目が認められれば、当時の最多記録をつくれたに違いない。

その一方で、図書館の蔵書は質・量ともに地方の高校レベルを超えて充実していたため、高校時代は積極的に読書に励み、高校2年時には年間200冊超を借り出して当時の校内記録を樹立した。

些細なことだが、輪島の片田舎にいてはまず読むことのできない希少な書物との出会いも多く、大いに刺激を受けた。何より、能登出身の人間には珍しい「活動的で自由奔放な気質」と「今でも元気な基礎体力」が身に付いたのは、この3年間の高校生活に負うところが大きいと思う。

後年、「蝮」というあまりイメージの良くないあだ名を奉られることになる私だが、このあだ名が意味する「ちょっとやそっとのことでは音を上げないしぶとさ」「こうと決めたら最後の最後まで諦めない執念深さ」というパーソナリティは、おそらく、高校入

金沢大付属高校の頃［妹と］

学直後のこっぴどい挫折体験と、そこから立ち直るための悪戦苦闘の日々を通じて培われたものだろう。付け加えれば、高校卒業後に上京した私は、さらなる挫折体験——あの「大都会」金沢でさえ、東京に比べたらちっぽけな田舎町に過ぎなかった！——を繰り返すことになるのだが、その時「なにくそ！」と奮起することができたのも、高校生活を通して知らずしらず身に付けていた〝根性〟の発露に違いない。

そして、輪島という小さな世界で生まれ育った私が、より大きな世界に踏み出していくための第一歩となり、「自分よりもはるかに巨大な存在」に立ち向かっていく原動力となる「反骨精神」が私の中に芽生えたのも、高校3年間で得ることができた貴

附高の同窓会

重な財産であった。母校の進学率はきわめて高く、私の世代は同学年と浪人生を合わせて１５０人が大学に進学し、そのうち50人（３人に１人）は東京大学または京都大学というトップクラスの国立大学へ入学しているほどだ。

なお、卒業50周年の同窓会は、初めて浜松で開催（それまでは加賀屋の社長が同級であったこともあり、地元の加賀屋で行なわれていた）。同期１６５人中１５０人の消息が明らかになり、その約半数の72人が集まってくれた。その中で、起業家は０人。オーナー社長は私を含めて２人だけで、もう一人は、前述の加賀屋の小田孝信氏であるとわかった。どうやら、リスクを背負って冒険しなくても、一流大学を出て一流企業に勤務する人ばかりの学校だったようだ。その意味で、私は最後の最後まで「附高の異端児」であり続けたようだ。

## Ⅳ　大学

私の人生における最初の挫折体験が高校入学直後であったとすれば、第二の挫折体験は、大学受験の時に訪れた。

国立大学一本で受験した現役時の受験は見事に失敗し、「一浪までは許す」との許しをいただいた私は、１９６２（昭和37）年３月に高校を卒業すると、東京で浪人生活を送ることになった。

受験のために最初に上京した時は、輪島の出身で当時早稲田大学生だった一学年先輩の元岡忠行氏（ターちゃん）の下宿先に厄介になった。その後、浪人生として再度上京した際には、たまたま縁あって、その頃、東京で電器メーカーの社長をされていた山田稔氏のお世話になることになった。

山田氏は元々父の古い知人で、母は親戚も同然に歓迎したため、私も幼い頃から随分可愛がっていただき、「にいさん」と呼んで慕っていたものだ。

山田家での私は体のいい居候の身分であったが、お陰様で寝食に不自由するようなこともなく、1年後、私は同級生たちに比べればだいぶランクの落ちる大学にすべり込むことができた（とはいえ、私は結局、この大学の入学式にも卒業式にも出席していない）。何とか大学生に成りおおせると、いつまでも居候もしていられないと思い、その頃ちょうど欠員募集の出ていた石川県学生寮に入寮することにした。

学生寮では、20人の同期生や後輩たちと親しく交際し、酒を酌み交わしたり、アルバイトをしたりするなど、風変わりな学生生活を送っていた。私は入寮後も毎週末山田家に泊まりに行き、食事をご馳走になり、お茶や謡（うたい）など、私の柄にもない風流な遊びを教えていただいたものである。

「にいさん」こと山田氏には、アルバイトも紹介していただいた。彼の経営する会社の新入社員（中学卒業後に輪島から集団就職で上京した、いわゆる「金の卵」たちである）の寮の世話係のようなことをしていた。彼ら金の卵たちは、年齢こそ私より下だが立派な社会人である。

一方、彼らの面倒を見ている私の社会的身分はただの学生アルバイトであったが、アルバイトや紹介業で稼ぐ金額だけで生活費は十分賄うことができたから、親からの仕送りには卒業するまで一度も手を付けなかった。

金の卵たちと住んでいた寮の建物のオーナーが勤めていた都市美協会の事務・雑役のアルバイトを他の学生に斡旋する仲介業

大学時代　日光至仏山にて［左端が「にいさん」こと山田稔氏、最後列右端が著者］

のようなこともしていた。その縁から、都市美協会の先代会長未亡人の邸で書生として働くことになり、さらに、協会の会長代行が当時の東急グループ・五島昇社長であったことから、渋谷の東急本社へもしばしば顔を出すことになった。私は大学卒業後、後述するように東急不動産株式会社に入社することになるが、東急との縁はこの頃に始まったことになる。

大学時代の友人たちとは、その後も半世紀以上にわたって交流を続けており、私の人生におけるかけがえのない財産となっている。今日の私があるのも、この人びとの影響なしには考えられない。また、余談ではあるが、私が生まれて初めて浜松市を訪れたのも、大学時代に舘山寺の大草山国民宿舎で開催されたゼミの合宿であった。

偶然だろうが——後年、私がヤタローへ入社することになった時、ただ一人私についてきてくれた内藤勝男（元・取締役管理部長）は、この時のゼミで、もっとも仲の良かったメンバーでもあった。ちなみに、ゼミの全国大会の論文をゼミ長だった私が書いたことにより卒論が免除になるという恩恵もあった（その代わり、担当教授の仕事の手伝いや簡単な代筆を頼まれることもあった）。

このゼミの活動のほか、私が大学時代に熱心に取り組んだのは、学内における勉学だけでなく、金儲けをするための多種多様な工夫に精進することだった。

## Ⅴ　東急

忙しくも楽しかった大学４年間は夢のように過ぎ、私は就職活動に臨むことになった。

長男である私の行く末を案じた両親は、地元の代議士を通じて大手の鉄鋼メーカーの就職口を紹介してくれることになったが、最終面接までは進んだものの、私は思うところがあってその会社の内定を辞退することにした。というのは、大手であったその会社では、幹部になれるのは国立Ⅰ期校の卒業生のみで、私の学歴ではせいぜい係長止まりという将来が見えていたからだ。

両親の顔を潰すことになるのはいささか心苦しかったが、やはり、自分の将来は自分の手で拓きたかった。

東急時代の社内旅行［後列右端が著者］

「どうせ、生涯サラリーマンを続けるつもりはない。不動産業界であれば、独立しても最低限食っていくことはできるだろう――」

今にして思えば生意気だったかもしれないが、自分なりにそう考え、前述の五島昇社長率いる東急不動産に挑戦することにした。大学のゼミの活動の実績もあり授業には出ていなかったが学内選考はパスして、面接にこぎつけた。500人が受験して採用枠は50人という狭き門であったが、当時の不動産は成長産業であり、学校成績よりも面接重視の採用方針であったことも幸いして、私は無事、東急不動産一期生36人の一人として採用された。

かくして、1967（昭和42）年3月に大学を卒業した私は、翌4月1日付で東急不動産の一員となった。一期採用36人に、二期・三期採用も加わって、同期入社は百数十人を数えたが、その中で私は本社勤務の開発担当を希望した。開発担当の主業務は用地取得であり、社内では「買収屋」と陰口を叩かれていた。また、激務であることから恐れられ、同期の中ではいちばん稼げるがキツイ部署であった。

しかし、「苦手な算盤の経理課にだけは死んでも配属されたくない……」と思っていた私は、自ら望んで激務の開発担当に配属されたのである。仕事人間の私には、なまじ楽な部署に配属されるよりも、早く一人前になれる激務の部署のほうがありがたかったのだ。

その頃の私は、自分が秀才でもエリートでもないということをとっくに自覚していたのだろう。「輪島始まって以来の秀才」などと持ち上げられていた幼少期の記憶は既に遠い昔に脱却し、私は一社会人、一企業人としての第一歩を踏み出したのである。

その日――私は、千葉県への出張を終えて、暗くなってから渋谷の本社に帰社した。見ると、普段ならとっくに帰宅しているはずの課長がまだ居残っていた。珍しいこともあるものだと訝りつつ、帰社を報告すると、待っていたように――否、私を待っていたのだということはすぐにわかるのだが――課長は言った。

「平松くん。すまんが明日、朝イチで三河・遠江へ飛んでくれ。それで、今週中にその調査報告書を仕上げるように――」

なんと、連続での出張命令である。その場で仮払いの出張費を手渡され、簡単な説明を受けてその日はそのまま帰宅する。翌朝早く、私は国鉄東海道本線で愛知県東部に向かった。

蒲郡駅で下車し、豊橋から浜松、さらに静岡と回る。調査する内容は、観光・リゾートのスポットから名物料理、さらに土地の歴史と文化、言うまでもなく現地の地価動向も含めて多岐にわたった。これを社歴の浅い半人前の私一人に任せるくらいだから、よくよく切羽詰まった状況だったのだろう。大変な仕事ではあったが、同時にやりがいのある仕事でもあった。

この時の調査報告書をベースとして、まもなく、奥浜名湖三ケ日の大崎半島の開発計画が機関決定され、ほどなく社内発表された。開発目標は100万坪、担当者は平松伸宏——つまり、私であった。

入社3年目にして、我ながら何とも身に余る重責を背負わされたものである。

こうして、用地取得に奔走する日々が始まった。

担当物件の範囲は広大であり、そこには500人弱もの地主が点在していた。また、この範囲内には取得困難なミカン畑も多く、それでも100万坪もの土地を確保しなければならない。先祖から代々懸命に山を拓いて造ってきたミカン畑をそうそう簡単に手放す地主などいるわけがない。用地取得の苦労は筆舌に尽くしがたいものがあった。

夜討ち朝駆け——。不動産の用地取得業務、すなわち「買収屋」の場合は、地主の自宅を足繁く訪問し、用地買収の営業をかけることをいう。当時の私の日常は、こんな毎日だった。

夏場の陽の長い時期であれば、時には夕方5時頃までは渋谷の本社で溜まっているデスクワークを片づけ、それから営業車を出して、東名高速を使って2時間かけ、三ケ日に入る。それから何軒かの地主宅を訪問して用地買収の交渉を行なう。ここで4時間ほど使っていたから、三ケ日を出る頃には夜の11時になっていた。ふたたび本社のある渋谷に帰ってくる頃にはとうに日付は変わり、しらじらと夜が明け始めていることもあった。

「蝮の平松」と異名をとったのはこの時代の話である。

用地買収の営業トークを俗に「くどき」と言うが、私の「くどき」はひと一倍熱く、しつこく、ねちっこいことで知られ――恐れられ（?）――ていた。これと狙いを定めた地主宅に連日通いつめ、何度断られても執念深く交渉を進めていく私の姿を、毒蛇に喩えたあだ名であり、口にするほうは褒め言葉のつもりはなかったに違いない。だが、言われる私のほうは、内心ひそかにこの呼び名を誇りとしていた。誠意と熱意をもって何度でも通いあきらめに近い信頼をもらう。一度や二度断

東急時代［「蝮の平松」と呼ばれた頃の著者］

られて、あっさり引き下がってしまう軟弱者と言われるよりはよっぽどいいと思っていた。

三ケ日リゾートの用地取得には、当時静岡県最大の不動産会社と言われた鴻池不動産株式会社（現・KONOIKE Co.株式会社）が仲介役となり、さまざまな実務を担当してくれていた。株式会社ヤタローの創業者である中村時は、鴻池不動産の社外取締役の立場にあり、これが私との出会いのきっかけとなった。何故か私のことを気に入ったらしい中村時社長は、「何か困ったことがあれば、いつでもうち（＝ヤタロー）を訪ねてきなさい」とまで言ってくれたが、その時にはまさか、本当に訪ねることになるとは思ってもみなかった。

やがて、本社から命令された用地取得契約の期限が迫った。目標の１００万坪には遠かったが、「最低30万坪でも、何とか開発可能な物件にまとめるように」との厳命であった。追い込みのピーク時には、１週間というもの、私だけでなく鴻池不動産のスタッフも「満足に座って食事を摂ることもできない……」というありさまであった。

ともあれ ―― 手段を問わないまとめ仕事であったが、私はどうやら社命を全うすることができた。後任の担当者に業務を引き継ぎ、私は一度三ケ日を離れることになった。その夜、鴻池不動産のスタッフ一同は、ささやかに私の送別会を開いてくれた。苦労を共にした同社営業所の副所長は、私に惜別の歌を詠んでくれた。

「柔肌の熱き血潮に触れもみで寂しからずや土地を買う人」

――言うまでもなく、明治の歌人・与謝野晶子女史の『みだれ髪』に収録された短歌のもじりである。不動産会社らしく、「道を説く君」を「土地を買う人」とした替え歌だが、なかなかの達筆で墨痕鮮やかに短冊にしたためていただいた。なお、ずっと後年の話になるが、この副所長のご子息には、ヤタローグループが指定管理を受けた際に大変お世話になっている。私にとって、親子二代にわたる大恩人となった。このような人間関係が私を浜松に住みつかせる要因となっている。

しかし――三ケ日の物件をとりまとめた後、しばらくして、私はとある事情から東急不動産を去ることになった。これは当時、東急不動産の労働組合活動が活性化し、会社創業以来初のスト権を確立した闘争委員会の委員長を私が務めていたことに端を発する。
詳しい事情は割愛するが、常設の組合執行部と若手中心の闘争委員会（上司が執行委員長で私が副委員長だった）が合流して拡大闘争委員会に切り替えられた。スト突入の直前になって労使交渉が妥結したことにより、現場を仕切っていた私は「はしごを外された」状態となった。集まった仲間たちを前に、壇上に立ってストの中止を伝達することになった私の頭の中は真っ白になり、何をどう言い繕ったものかまるで覚えていない。生まれて初めての経験だった。

結果的に、その後まもなく、私は東急不動産を去ることになるが、それ自体は誰のせいでもなく、私自身が自らの意志で決めたことである。

後任の組合専従者を説得して形を整え、1970（昭和45）年8月31日付で私は東急不動産を退職した。短い在職期間であったが、ここで学んだことや経験したこと、出会った人びととの縁は、今でも大切に思っている。

退職したことに後悔はなかったが、次に何をするか、仕事の当ては特になかった。

当時のドンク青山店

前述したように、既にヤタローの中村時社長とは面識があり、本気とも社交辞令ともつかない勧誘らしき言葉も頂戴していたが、不動産の「買収屋」から、いきなりまったく畑違いの「パン屋」へ転職しようというのも無謀な話であった。

ヤタローでは、不動産業をスタートさせていた。そして早晩終焉を迎えることになる卸パンの次の事業のため、パン屋を勉強するための第一歩として、まずは株式会社ドンクの青山店で研修を受けることにした。ドンク青山店はこの数年前にオープンしたばかりであったが、日本中にフランスパンブームを巻き起こした話題の店であった。私はここで3カ月間研修を受け、パン屋の業務の流れなど基本的な知識を学んだ。この時の経験は、後々に至るまでヤタローグループの経営に大きな影響を及ぼすことになる。

# 第4章

# 卸売りパンから新たな業態へ

## パン事業の生き残り戦略

初期のヤタロー丸塚工場

## ヤタローパンの誕生

私が入社する以前のヤタローの歴史については、当時の記録も多少は残っており、また、入社後に当時を知る人間から話を聞かされてもいる。ものの順序として、ここでヤタローの創業以来の事跡を簡単に辿っておこう。

創業者である中村時が、板屋町（現・浜松市中央区板屋町）あたりに店を構えたのは、1933（昭和8）年2月のことであったと聞いている。店の厨房で焼いたパンや菓子を店頭に並べて商う、小さな町のパン屋であったようだ。当時の商号を「中村時商店」という。

何しろ戦時中のことであり、その頃、既

に泥沼化しつつあった日中戦争からやがて太平洋戦争へと続く激動の時代の中で、小さな田舎町の個人商店がどんな運命を辿ったか――それは、現在の我われからは想像もつかないような多くの苦労があったに違いない。

さらに、終戦後もしばらくの間は食糧難の時代が続いていた。原材料の仕入れもままならなかったはずである。いったい、いつ頃商売を再開できたのかも、今となっては正確なところは不明である。

ともあれ、戦後3年が経過する頃には商売もそれなりに安定をしていたらしく、中村時は資本金50万円で中村時商店を個人商店から株式会社に改組し、尾張町（現・浜松市中央区尾張町）に本社を構え、代表取

シャンボール有楽街本店

締役に就任する。

その後、1954（昭和29）年に工場を寺島町に移転。そして1963（昭和38）年9月に本社工場を丸塚町に移転したのである。

## 卸から高級パン時代へ

大手製パン企業の進攻による低迷期を経て、私に代替わりした後、1980（昭和55）年11月浜松の中心市街地にあった小売り時の延長線での売店を改装し、新たに立ち上げたブランドネームを冠する「シャンボール有楽街本店」がリニューアルオープンした。

シャンボール（Chambord）とは、フランス中部のロワール川南岸の城の名前であり、16世紀に建造された「シャンボール城」はフランス・ルネサンス様式の代表的な城館建築として知られる。

早い話が、市井のパン屋よりもワンランク上の高級感のあるフランスパンを扱う店としてのブランドイメージを重視したネーミングであり、ヤタローにおいては、焼きたてパンの製造・販売、およびイートインスペース（当時はまだこの言葉は一般的ではなかった）を設けて店内での飲食サービスを提供する店舗名として使用したのである。

旧来の「ヤタローパン」がパンの卸売りのブランドであったのに対し——当時は〝ブラ

ンド〟などという意識はなかったが――「シャンボール」は高級パン小売店のブランドである。

卸売りに比べれば、小売りはより「お客さま（＝消費者）に近い」業態と言えるだろう。しかし、その距離感はまだ十分ではない。より一層「お客さまに近づく」ことをめざした私は、それから数年後、豆乳を手始めに宅配事業をスタートすることになるのだが、それはまた別の話になる。

いずれにせよ、この「有楽街本店」が「シャンボール」というブランドの象徴店となった。〝象徴店〟という用語は聞き慣れないかもしれないが、読んで字のごとく、ブランドを象徴する店舗といった程度の意味であり、多店舗展開するチェーン店などの中核となる「旗艦店（フラッグシップ・ショップ）」とはやや意味合いが異なる。

象徴する――というのは、「シャンボール」と聞けば誰もが思い浮かべるような、品揃えや店構えはもちろん、内装や什器備品、店内の清掃や従業員の接客態度なども含めた店舗イメージを具象化している、ということだ。従って、後年次々につくられていった、店名に「シャンボール」を冠するすべての店舗にとって、この有楽街本店の在りようが基準であり、規範となっていることになる。

後年の経営戦略についてはひとまず置くとして、この「シャンボール有楽街本店」オー

出店当初のシャンボール

プンによって、当時のヤタローは、「卸売りのヤタローパン」から「高級パン直売のシャンボール」へと、より消費者に近づいた事業へと舵を切ったのであった。

## 「シャンボール」の多店舗化と宅配事業

前述したように、私の社長就任は先代である義父・中村時の急逝を受けてのことであった。享年67歳という若さであり、私もまさか、こんなに早く跡を継ぐことになろうとは夢想だにしていなかった。

そんな事情もあって、そもそも「ヤタロー」という社名もどんな由来があって命名されたものか、義父の口から直接訊く機会はなかったのだが——これについては、相続手続きの際に調査した結果、先代の祖父の名が「弥太郎」であったことが判明したため、それが由来と考えてまず間違いなかろうと結論づけている。悪い社名ではないし、地元では長年親しまれてきて愛着もあるが、ブランディングということを考えた時に、「ヤタロー」のままでは少々物足りないという思いもあった。そこで、社長就任後、会社のブランド戦略の一環として、店舗名や出店形態についても改めて見直してみることにした。

社長就任からしばらくの間、新規事業の立ち上げと同時並行する形で、従来のブランドである卸売りの「ヤタローパン」と、新たなブランドである小売りの「シャンボール」という、２つのブランド戦略についても積極的に推進していった。とりわけ、この時期に注力したのは、言うまでもなく「シャンボール」のほうであった。

有楽街本店ビルの改修をきっかけとして、直営のシャンボールの出店は本格化し、店舗数を増やしていった。

その後出店した店舗も含めて、焼きたてパンのシャンボールは50店舗を数える規模にまで成長していった。ローカル発のブランドとしてはまずまずの成功と言えるだろう。

これと並行して、同時期に私が自分から企画・提案してスタートにこぎつけ、さらにお客さまに近づく新規事業の第1号となったのが、「健康飲料ハウスラッピー」という商品名の豆乳の宅配事業であった。

私が豆乳宅配事業を手がけ１９７３（昭和48）年9月の時点では、「ラッピー」は現・ハウス食品株式会社の豆乳ブランドであった。このラッピーの宅配事業をヤタローが手がけるということは、ハウス食品工業という素晴らしい企業と提携を結ぶということに他ならない。それは同時に、ヤタローが〝田舎のパン屋〟であることから脱却するための第一歩となったのである。

新規事業をスタートするに当たって、私は何故、「豆乳の宅配」などという未知の事業を選んだのか。当時まだ目新しい商品であった「豆乳」の魅力（世界三大穀物に準ずる生産量の多い大豆を使用し栄養価も高い上に健康食でもあること等）やその将来性を期待した、ということももちろんある。だが、それだけではなかった。

商品である「豆乳」そのものの魅力に加え、販売方法である「宅配」という事業について、私は非常に魅力を感じていた。それは、〝限りなく消費者（＝お客さま）の傍に近づく〟という商売のセオリーを体現するビジネスであるからだ。

卸売りでは、最終消費者であるお客さまの顔はまったく見えない。

直営店での小売りでは、お客さまのほうから足を運んでいただくことになる。

しかし、宅配であれば、こちらからお客さまの傍へ足を運ぶことになる。すなわち、卸売りよりも小売りよりも、お客さまの傍に近づくことができるのである。

豆乳宅配事業は2年後の１９７５（昭和50）年8月、新会社である「ハウス浜松ラッピー株式会社」を設立して、同社へ移管することになった。

その後、ヤタローはハウス食品工業・社長の不慮の事故で豆乳事業を撤収することになる。同社は１９８０（昭和55）年10月に「株式会社ラック」と社名変更して無店舗販売として残ることになった。ヤタローでは〝出世会社〟と位置づけ――言うまでもなく、地元・浜松の象徴である浜松城が〝出世城〟と呼ばれていることにあやかったものだ――、新規事業をスタートする際の推進母体会社として存続することになった。このラックはその後、まるで畑違いのさまざまな事業を次々と手がけていくことになる。例えば、旅行代理業のラックツアーズやレストラン事業などはここからスタートした。

なお、ハウス浜松ラッピー設立までに培った宅配事業のノウハウは、その後、「パンの宅配事業」という新規事業を生み出すことになる。

1984（昭和59）年8月、「フォーリーブスパン」の名称で、前出のラックが当時パン業界で話題になり始めていた超ソフト食パンの宅配事業をスタートした。これは時流に乗って順調に成長し、1987（昭和62）年5月には首都圏まで進出を果たした。ただし、首都圏進出の時点で商標登録上の不備から名称変更せざるを得なくなり、中村屋さんの厚意で「ホットアップ」の登録商標権をヤタローに譲渡していただいた。また、これを背景に、当時休眠会社であった株式会社オールウェイズ（ダイレクトマーケティング事業部）を復活させ、東京に本部を移してヤタローグループの次の展開として計画していた「無店舗販売」を担う企業と位置づけた。

一時はヤタローグループの稼ぎ頭として年商3億円を売り上げ、「超ソフト食パン」のブームはますます本格化したが、数年でこの事業は勢いを失った。

ヤタローの事業はなくなったが、「ソフト化」の流れは今日まで続いている。しっとり柔らかの方向性は間違っていなかったが手づくりでしか成形できないと考えていた超が付くほど柔らかな生地を、見事ライン化させた大手パンメーカーの力に負けたとも言える。
しかし、オールウェイズの宅配事業はその後も継続し、後年、第2章で述べた治一郎のバウムクーヘンを中心とするインターネット販売事業へと発展した（２０１８〈平成30〉年8月をもって、オールウェイズは株式会社治一郎販売に吸収合併されている）。

## ダム工事の飯場をパン工場に

最初にシャンボール専用の工場として上西工場の操業を開始した時のことを思い返せば、隔世の感がある。上西工場は１９７４（昭和49）年6月に新築したものだが、この工場用地を最初に取得したのは、その2年前の１９７２（昭和47）年8月にさかのぼる。当時、「ヤタローパン」に代わるブランドとして「シャンボール」ブランドの確立を目指しており、１９７５（昭和50）年にはヤオハンだけで一挙に5店舗のインストアベーカリーを出店する計画が進んでいた。これに伴い、シャンボールのセントラル工場がどうしても必要な状況になってきていた。

この時点で、既存の本社工場（丸塚町）の稼働は卸売り向けの生産量が激減していたから、本社工場をシャンボール工場へと逐次転換していけばよさそうなものだったが――私が気にしていたのは、俗に言う「悪貨は良貨を駆逐する」という商売の法則であった。卸売り向けの大量生産品のパンと、シャンボール店舗で扱う小売り向けの高級パンでは、原材料や製造工程が大きく異なる。この2つを並行生産しようとすると、どうしても高級パンが大量生産品に引きずられて品質が落ちてしまう。同業他社の事例を見ても、どこも成功しているところはないということがわかった。

また、有楽ビル（後のシャンボール有楽街本店）は地下に作業場を擁しており、ここが新たに出店したシャンボール店舗に商品を供給するセントラル工場の機能を果たしていたのだが、この頃には設備の老朽化が目につくようになっていた。本格的なリニューアル工事を行なうためには、1年近く閉鎖しなければならず、その間の商品供給の目途が立たない。

そこで、新たなセントラル工場の建設を考えていたところ、たまたまある新聞記事が目についた。

水窪町で水窪ダム（1968〈昭和43〉年に竣工済み）の工事が完了し、残務整理も終わったので、その飯場を100万円で売却したいというものだった。元もとがダム工事の飯場であるから、廃屋同然の粗末な建物が建っているに過ぎなかったが、現地を視察したところ、「2階建て120坪の物件が100万円なら安い」とその場で購入を即断即決した。

用地は俗に言う事故物件ではあったが、不動産の知識を活かしながら時間と手間をかけて安く取得した。埋め立てには本社工場で毎日出る残灰も利用した。地鎮祭には本職の神主は招ばずに部下の藤川碩右（元取締役営業部長。お寺の息子だったが、にわか神主になって取り仕切ってくれた）に依頼して、皆で手づくりの儀式を行なった。

さらに、建材は私が東急不動産にいた頃からお付き合いのある地元の尾関建設の紹介で規格外品や虫食いのベニヤや床板をほとんど「ただ同然」で入手し、作業員は社内から当時の開発室のメンバーや大学新卒採用一期生など総勢10人（現・渭原均（いはらひとし）相談役もその一人）を駆り出して、約半年がかりで建てたのが最初の上西工場である。本体の総費用よりも、外注した10㎡のトイレの工事代のほうが高くついたほどであった。

工場内に導入した機械類も、中古機ばかりである。

「ヤタローさんは、骨董屋か、機械博物館でも始めるのかね？」

ご尽力いただいた製パン機械を販売している株式会社梅林機械の社長からは、そんなふうに冷ややかされたものだった。

ともあれ、この手づくりの粗末な上西工場が、「シャンボール」の短期間での多店舗化とブランドの確立に大きく貢献し、ひいては現在に至るヤタローグループの原点となったことは間違いない。

工場建設の現場作業員として駆り出された新卒採用一期生たちからすれば、大学まで出て何故こんな畑違いの仕事をさせられなければならないのか……という不満を抱いた者がいたとしても不思議はない。

だが、厳しい環境がひとを育てる ―― というのは紛れもない事実である。もちろん、厳しいだけではダメだが、少なくともただ甘やかすだけの環境よりは、若手たちが自らの成長をめざすきっかけとなってくれるはずだ。この手づくりの工場建設に携わる関係者の熱意と行動力を感じてほしかった。「ヤタロー」急成長の大きな要因にもなったと考えている。

## 海外研修と「ルルドー」

「シャンボール」とともに、ヤタローグループが新たに卸店向けに作ったブランドが「ルルドー」である。ルルド（Lourdes）は、フランス南西部オクシタニー地域圏のオート＝ピレネー県に属し、スペインとの国境付近に位置するピレネー山脈のふもとにある自治体の名称に由来している。

ここは、19世紀半ばに土地の少女が聖母マリアから教えられたと伝えられる、あらゆる病気を治癒する〝奇跡の泉〟の存在で世界中に知られている。

ヤタローグループがセカンドブランドにこの「ルルドー」の名を冠したのは、何もこの奇跡にあやかろう……などという思いがあったわけではなく、ヨーロッパ研修から帰国し

1988年に参加した海外研修（米国）にて

たメンバーたちが候補をいくつか挙げて投票を行なった結果、選ばれたのが「ルルドー」であったからだ。
この「ヨーロッパ研修」というのは、当時パン業界の重鎮だった渡辺幸先生同行の「ヨーロッパ製パン業界視察研修」のことだ。ヤタローグループでは、１９７２（昭和47）年５月に実施された欧州の研修に私と尾崎正（元取締役）の２名が参加したのを皮切りに、翌年からは毎年１～２名の社員を第13回まで参加させている。そして、13回以降もツアーの名称・内容・訪問先が変わった現在でも毎年のように海外研修に社員を送り出しているが、これは、当時の経営状態からすれば決して楽な負担ではなかった。

だが、そうした目先のそろばん勘定の損得よりも、ヤタロー全体の将来を考え、苦しい時期だったにもかかわらず、私はこの時期、めぼしい社員を順番に海外研修に送り出すことに決めたのである。参加者の大半は中・高卒者であり、この海外研修を修了した者には大卒者と同等のチャンスを与えてきた。さらにもう一つ、本音を言えば――あの時代、海外旅行というのは庶民が気軽に行けるものではなかったから、彼らに一生の思い出として、機内食を食べるような体験をさせてやろうという親心もあった。

なお、「シャンボール」が高級パン小売店のブランドであったのに対して、「ルルドー」は旧来の「ヤタローパン」のお客さまである特約店に向けた卸売店のブランドであり、扱う商品は「シャンボール」のものと「ヤタローパン」のものが半々といったところだ。「ルルドー」のオープンに際して、同店が「シャンボール」と同じヤタローグループのブランドだということは、ことさら宣伝はしていない。何も隠していたわけではないが、小売りと卸売りでは客層も全く違うから、明らかにしても相乗効果は見込めそうにないと判断したためだ。「ルルドー」展開は残念ながら短命に終わった。中途半端な商品戦略と我われの勝手な思い込みが大きな原因だと思うが、シャンボール・ルルドーの時代を経て、お得意様とは「杉太郎」や「奥野屋」という集団として今もつながっている。

いずれにせよ、一時期1000店から650店へと激減した特約店が、その後、失われた３５０店を補完しただけでなく、さらにピーク時には１３５０店（静岡市の３００店も含む）まで上乗せすることに成功したのは前述した通りである。

## シャンボールの技術、塩と水への挑戦

「シャンボール」でお客さまに提供している商品について、ここまでは単に「高級パン」とのみ紹介してきたが、具体的にどのような点を指して「高級」と言っているのか、補足しておこう。

パンの――否、パンに限らず、あらゆる食べ物の味の原点は「塩」と「水」にある。私にそう教えてくれたのは、ヨーロッパ研修に、「シャンボール」からの最初の受講者として私と一緒に参加した人物であった。

その名は、前出の尾崎正。尾崎は当時「卸売りパン」から「高級パンのシャンボール」へ移行する若手技術者のエースとして抜擢され、「シャンボール」の技術を飛躍的に高めてくれた立役者の一人であった。

パンの原材料には塩が欠かせないものだが、この塩の調整が極めて重要になってくる。尾崎を中心として、この重要な塩についての研究がスタートし、私も積極的に協力をした。この当時、日本でいちばん高価な塩は、１００ｇ＝２４００円であった。偶然なが

ら、これは私の故郷・能登半島にある珠州市の塩田で採れる塩だった。これが使えれば美味しいパンになることは間違いないところだが、改めて考えてみるまでもなく、とても採算が合わない。

一方、一般的に使われている最も安価な塩は、海水から電気分解で分離されたナトリウム塩で、１００ｇ＝45円程度。実に50倍以上の価格差がある。

「シャンボール」ブランドは高級パン志向であるから、45円の塩ではお話にならないが、かといって、いくらなんでも２４００円の日本一高い塩は使えない。そこで、高級な素材を追求した結果、中国大陸と朝鮮半島に挟まれた黄海で採れる１００ｇ＝７００円の塩を使用することにした。

シャンボール富塚店

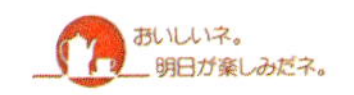


Bread & Cake

ブレッド＆ケーキ

# パンとケーキを主軸として。

総理府統計局の家計調査年報によりますと1世帯あたりのパンとお米の支出の比率は、ここ20年間で、1：10から1：3くらいの割合にまで迫ってきています。これは、高度経済成長のおかげによって、家計が豊かになり、食事の内容が多様化することによって、パン食も積極的にバランスよく摂るようになったからだと思います。

こうした需要に、いち早く応え、常に一歩先を情報提供できるパン・メーカーとして着実に発展を遂げてこられたのも、戦前から築きあげた伝統や、本場フランスに留学して、パン作り、洋菓子づくりの習得に余念がなかったからに他なりません。「おいしいものに国境はない」と言われる信念のもとに、洋菓子においても、伝統のものにオリジナルのものを加えて、常に、焼きたて、作りたての手作りの味をお届けしています。

YATARO GROUP　3

当時使用のシャンボールのイメージ画

もちろん、値段で決めたわけではなく、実際にいろいろな塩を試してみた結果、最終的に「これなら」と判断したものを選んだわけである。塩の味は、直に食べ比べればその違いはある程度はわかるが、パンになると、その違いはなかなかわかりにくいものだ。実は、この高い塩を使った理由は、素材の味もあったが、最高級の塩を使っているという技術者のプライドと、従業員を通じてその品質が外に口コミで伝わることを考えてのことであった。

これにより、「シャンボール」では100g＝700円の塩を用いた高級フランスパンを、「ヤタローパン」では100g＝45円の塩を用いた食パンを――そして、「ルルドー」ではその両方の商品を取り扱う、という棲み分けが行なわれることになった。

シャンボールでは、この「塩」に続いて、「水」についても研究と技術革新に取り組むことになった。今日のような浄水器がなかった時代、醤油樽を器にして炭や玉砂利、シュロの皮などを使ってパンにとって美味しい水への挑戦もした。こちらも、尾崎を中心に技術者たちが集まり、品質と味の向上と価格設定のせめぎ合いの中から、商品化に成功したものから順に市場に流通するようになっている。

こうした技術の追求や技術者を育てていくために開発したのが、ヤタローグループの人材育成システムで、後の「技聖センター」や「渡来食文化研修センター」、そして京都の「吉田パン学校」に受け継がれることになる。

## 「シャンボールガーデン」と「できたて市場」という新業態

一方、1997（平成9）年8月、脱パン屋の新業態へのチャレンジとして、バイキングレストラン「シャンボールガーデン丸塚店」1号店をオープンした。各種の惣菜にパンとデザート菓子を組み入れた「食べ放題」のお店だ。

「シャンボールガーデン」の目的には次の3つがあった。

①この集団を維持していくための主力業態のはざま的役割として（エリアは限定）

②かつてのシャンボール葵町店（シャンボール＋バロネス＋にんじん亭）のような新たな複合業態の実験店として

③サービス事業もさらに特化、進化させていくため

当時、シャンボールガーデンは浜松市内（人口約60万人）に出店を限定し、6店舗で出店をストップさせている。

1999（平成11）年7月、「できたて市場池田店」をオープン。ヤタローグループにおけるデリベイク1号店である。

デリベイク（Delibake）の「デリ」とは「デリカテッセン」（Delicatessen）の略で、サンドイッチや持ち帰り用の西洋風惣菜を売る店のことだ。「ベイク」は「ベーカリー」（Bakery）、つまりパン屋のこと。

要するに、「惣菜屋の複合店にパン屋が添えられた」という業態である。

このような業態について、我われのようなパン屋では到底気づかなかった重要なことを教えてくれたのは、野村総研のコンサルタント・小池克宏先生であった。

私が小池先生から学んだのは、言葉にすればこういうことだ。

「パン屋で創ったサンドイッチは売れないが、コックが創ったサンドイッチは売れる——」

シャンボールガーデン１号店（バイキングレストラン）

学んだといっても、小池先生がこの通りの言葉を口にしたわけではない。小池先生から8カ月間にわたる指導を受けた中で、私が学び取ったことを要約すれば、こういう内容になる、という意味である。

パン屋を「シャンボール」、コックを「にんじん亭」のシェフと具体的に当てはめてみれば、おのずと実感することができる。

パン屋はまず自分で焼いたパンありきで、「パン」を主体に考え、それに具材を挟んだものを「サンドイッチ」と呼んでいる。一方、コックは「サンドイッチという料理」を主体に考えてつくる。挟むパンも、中に挟まれる具材も、完成品であるサンドイッチをつくるための素材にすぎない。

早い話が、あらかじめ焼き上げて裁断し

できたて市場天王店

であるパンに適当な具材を挟んだだけのサンドイッチと、どんなサンドイッチをつくるかをイメージしてパンを焼くところから具材の調理までそのサンドイッチに最適な素材を用意してつくったサンドイッチの違いである。当然、手間がかかっている分、後者のほうが販売価格は高くなるが、立派に売り物として通用する商品となっている。

だから売れる。商売として成り立つのである。

サンドイッチを例に挙げたが、その他のメニューもすべて同じことだ。例えば、我われがフランス料理を食べる時、フランスパンのバゲットが付くことがあるが、それは料理の付け合わせのようなもので主食ではない。

パン屋の技術者は――言葉は悪いが――多かれ少なかれ〝パン馬鹿〟になりがちだ。馬鹿、といっても頭脳は優秀な人びとなのだが、それだけに、どうしても頭で考えてしまう。

実際に舌で味わってみればわかるはずだ。フランス料理の濃厚なソースの味が舌に残っていれば、パン自体の微妙な塩加減などは感じられるはずもない。だから、パン自体の味が美味しいかどうかではなく、主食である肉料理を美味しく食べるのに邪魔にならないかどうか、さらに言えば、主食をより美味しく食べられるものかどうかが問われなければならないのである。

私は生来、回りくどい言い方ができないタイプのようで、「ただのパン屋じゃつまらない」といったことをズバリ口に出してしまうことがあるが、それは「パン屋がつまらない」という意味ではない。従来通りの、昔ながらのパン屋のやり方を踏襲しているだけでは、ビジネスとして挑戦する面白みに欠けるのではないか——という意味なのだと解釈していただきたい。

いささか言い訳じみた書き方になってしまったが、私は、パンという食べ物、あるいはパン屋という業態を、将来性のないビジネスだと考えているわけではないのだ。それは、ヤタローパン創業以来の伝統を重んじているからとか、今までパン屋として商売してきたからとか、そんな感傷的な理由ではなく、もっと現実に即したレベルでそう考えているのである。

デリベイクを業態とした「できたて市場」は、その頃競合の出店で頭打ちになりつつあった高級パン小売りの「シャンボール」の新業態として、ブランドは一時的にせよ息を吹き返した。

小池先生の指導の下で、それまでの多店舗展開では限界を迎えていた「シャンボール」は、不採算店の撤退と並行して、「できたて市場」のブランドを採り入れる大がかりなリニューアル展開を行なうことになったのである。

## 「あんぱん本舗」の展開

1993（平成5）年6月、ヤタローグループでは新たな業態となる「あんぱん本舗」を遠鉄百貨店内にオープンした。

あんぱん（餡パン）は日本で生まれた、日本独自の食べ物である。「西洋のパンの中に、和菓子のあんこを入れる」というアイデアは、その後、ジャムパンやクリームパンなどの派生商品を生み出し、菓子パンの始祖と位置づけられている。

当時はあんぱんブームであり、大手の機械化による量産が主流となっていった。その中でシャンボールの尾崎正は和菓子の「包餡方式」で、たっぷりの餡を使って手づくりのあんぱんを焼くことを考えた。当時、パン業界では複数社であんぱんをつくって、このあんぱんブームを盛り上げようという動きがあった。そこで、あちらこちらの会社がレオン自動機株式会社の自動包餡（ほうあん）機「火星人」をこぞって購入していた。この「火星人」は、正面から見ると火星人のようなフォルムをしていたことからついた名前だ。

他社が次々と「火星人」を導入していく中、尾崎は「火星人」を使うことなくあんぱんを製造した。薄い皮の、饅頭のようなあんぱんを「火星人」でつくろうとすると、あんこが多すぎてあんぱんの底のほうへあんこが沈んでしまうのだ。

尾崎は自分の思い描いたあんぱんを実現させるため、店長には和菓子屋出身の職人を起用した。さらに、たくさんのあんこをうす皮で包むのは、パン職人でも難しい中で、パートのおばさんでも包めるよう「おわん」を使った包餡方式も生み出している。また当時、遠鉄百貨店さんや提携先の高島屋さんからもいろいろなノウハウやアイデアをいただいている。こうして、ようやく完成したあんぱんを大々的に売り出すべく、「あんぱん本舗」の出店にこぎつけたのである。

売れ行きは決して悪くなかった。それどころか、遠鉄百貨店の「あんぱん本舗」は行列ができるほどの人気を博したものだ。

だが、何かが足りない。「あんぱん本舗」

遠鉄百貨店に出店したあんぱん本舗

独自のブランドを確立させ、日本全国はもとより、海外へも売り出していくための決定打に欠けていた。世間ではせいぜい、「浜松市内の、知る人ぞ知る名店」といった程度の評価にとどまっていたのである。売れ行きが重視される百貨店では、商品を育てるのは難しい。

1993年11月にオープンした「シャンボール掛川店」では、開店の数年後から遠鉄百貨店以外では初めて「あんぱん本舗」のあんぱんを取り扱うことにし、その後、ここで長年にわたってあんぱんを〝育て〟続けた。ここでのやり方もまた、ヤタローグループの専売特許である「らっか方式」の応用と言える。

あんこはすべて甘さを抑えた特製餡を使用した。パン屋の従来までの常識を超え「あんぱん本舗」のあんぱんは「餡の比率が5割以上」になっているため、正確に言えば「パン」ではなく、「饅頭」にカテゴライズされるものだ。また、包んでいるパンの皮は和菓子職人が焼成し、サイズも和菓子サイズだった。それを「あんぱん」という商品名で売っていたわけだ。

ここに至るまでの過程で、何度か、京都に進出しようと試みたことがあるが、ことごとく上手くいかなかった。1000年の古都である京都は「一見さんお断り」の文化が根強く、浜松の田舎者が出て行っても相手にされないのである。

やがて、私は考えるようになった。

日本各地にはそれぞれ、地域に土着した独自の伝統を誇るあんぱんの老舗が数多く存在している。しかし、お互いに交流することはまずなく、それぞれが地元で細々と経営を続けているだけだ。後継者が途絶え、やむなく看板を下ろす店も少なくない。これらの老舗を結ぶネットワークを構築し、日本独自の食文化である「あんぱん」を後世に残すだけでなく、ゆくゆくは世界へ広めていくことができないものだろうか。

そんな、言ってみれば大それた発想から生まれたのが「あんこのネットワーク」である。ヤタローグループが事務局を務め、全国各地の老舗との連携を図り、情報を共有し、イベントなどを仕掛けて協賛する。人手が足りなければ人を送る。こうしたやり方は、後述するバウムクーヘンのネットワークづくりなどにも受け継がれている。

この「あんこのネットワーク」を構築していく過程で、京都の老舗製パン会社である株式会社丸善パンとの出会いがあった。

丸善パンそのものは老舗といっても戦後の１９５０（昭和25）年創業だが、現在の同社は、創業１００年を超える京都の２軒の老舗ともうまく融合しており、長い伝統とそれぞれの老舗ブランドを受け継いでいた。

この丸善パンがヤタローグループに加わったのは、２０１８（平成30）年４月のことであった。実に、「あんぱん本舗」のオープンから四半世紀が経過していた。

あんぱん本舗のあんぱん

丸善パンのパン生地は、京都産の米の品種である「京都菱六」の種麹で自家製の甘酒をつくり、これに北川本家の清酒富翁の酵母を加えて醸した「酒母」からつくられた、天然酵母のパン生地である。

一方、パン生地に包まれたあんこは、前出の「あんこのネットワーク」を通じてあんぱん本舗が長年の研究の末に生み出したもので、北海道十勝産の「襟裳（えりも）小豆」と、奄美諸島産のさとうきびからつくられたミネラル豊富な砂糖を使用し、香り豊かなコクと風味が特徴だ。このパン生地とあんこが絶妙なハーモニーを奏でる「都あんぱん」は、丸善パンに受け継がれている。

コロナ禍のため一時中断していたが、JBI（ジャパンベーキングインダストリー）

同友会の木村屋總本店さんとも協力して、現在、「都あんぱん」を世界に広げる準備をしているのである。

前述したように、最初にあんぱん本舗を出店した頃のヤタローグループでは、直営店を中心とした（一部、後述する「ＢＰ（ビジネスパートナー）化」が始まっていた）「シャンボール」の最盛期であった。店舗数は一時、50店に達した。

だが、それから四半世紀余りが経過した現在、残っている店舗はわずか1店にすぎない。実に49店が潰れたことになる。

そもそも、私がヤタローに入社する前には、静岡県内だけで１００社近いパン屋がしのぎを削っていたものだ。だが、大手製パン会社の進出をはじめとする社会環境の変化や、経営者の高齢化と後継者不足などさまざまな要因により、現在ではヤタローのほかに2社程度しか残っていない。その事実を踏まえてもわかるように、パン屋という業態は――卸売り、小売りを問わず――決して安定した業態とは言えないのである。

もちろん、これは静岡県内だけの現象ではない。日本全国津々浦々、同じことが起こっている。だからこそ、「あんこのネットワーク」のような共存共栄を目指す活動に賛同する声が増えているのである。

# 第3部

# 第5章 私の経営術

## 「ヤタロー五行」

2019（平成31）年3月某日――太田一祐常務（現専務執行役員）が会長室の私を訪ねてきた。

「治一郎の販売エリアは、おおむね全国規模に拡がりました。しかし、ヤタローグループ員としての連帯感を持たせ、統制の執れた販売活動を継続するのに大変苦労しています。これだけ大きくなった組織の中で、どうしたら従業員の連帯感や団結心を高めることができるでしょうか――？」

当時、「治一郎のバウムクーヘン」を看板商品とする治一郎は、北は仙台から南は博多まで、すでに日本列島の大半の主要都市に店舗展開していた。これらの地方拠点では、責任者の店長クラスは本拠地である浜松から派遣した人材であったが、実際に店舗業務に従事する店員はほぼ全員が現地採用のスタッフである。彼らは当然、治一郎の経営母体であるヤタローグループのことはほとんど何も知らず、グループに対する帰属意識も希薄であった。そんな彼らを率いる太田常務の苦労は、私にも十分理解することができた。

「組織を円滑に運営し、意思統一を図り、コミュニケーションを徹底するのに有効な手段として、実はこういうことを考えているのですが――」

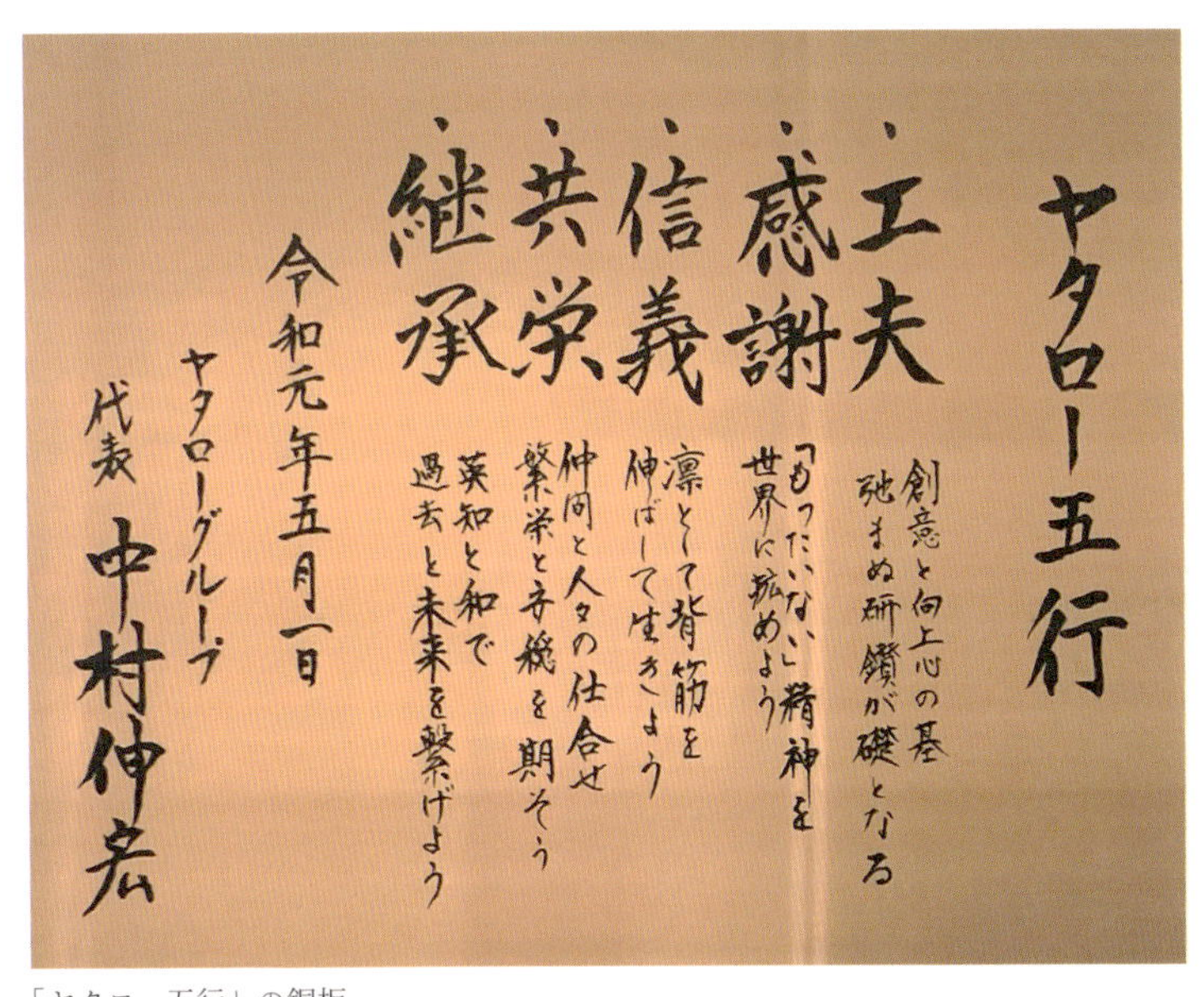
ヤタロー五行
・工夫
創意と向上心の基
弛まぬ研鑽が礎となる
・感謝
「もったいない」精神を
世界に拡めよう
・信義
凛として背筋を
伸ばして生きよう
・共栄
仲間と人々の仕合せ
繁栄と発展を期そう
・継承
英知と和で
過去と未来を繋げよう
令和元年五月一日
ヤタローグループ
代表　中村伸宏

「ヤタロー五行」の銅板

そう言って、太田常務は私にある提案をしてくれた。

第4章で述べたように、ヤタローグループではかつて、治一郎以前にも「シャンボール」ブランドの大規模出店攻勢を行なった経験があった。シャンボールの頃はまだ静岡県内が中心であったが、本社所在地である浜松市から遠く離れた藤枝市や静岡市へも店舗を出店していた。当然、これらの店舗では現地採用のスタッフが大半であり、彼らはヤタローグループに対する帰属意識は持ち合わせていない。そんなスタッフたちにグループの一員としての意識を持たせるため、私はシャンボール各店舗にヤタローグループの象徴となるものを設置させていた。すなわち、ネーミングの由来となったフランスの古城「シャンボール城」の写真額である。

この額は、創業75周年記念事業として製作し、逐次各店舗に掲示していった。当時は、ヤタローグループがホテルや日帰り温泉など経営の多角化と、首都圏を含む広域エリア展開を本格的にスタートした時期であり、当初30枚を製作し、その後も事業拠点とともに数を増やしてこの頃には80枚以上に上っていた。この「シャンボール城の額」に加えて、その5年後の創業80周年時には、私の自筆による「ヤタローの心得」なる文言も――こちらは安っぽい額であり、本文も急ごしらえの簡便な言葉であったが――併せて掲示するようになった。

ちなみに、「ヤタローの心得」の内容は「工夫・感謝・信義」など後の「五行」の原型となったもので、熟語に続く短いフレーズも含めて社内会議の際には冒頭に全員で唱和していた。これらも有効なアイテムではあったと思うのだが、太田常務は「それだけでは十分ではない」と考えているようであった。

「ヤタローグループ員としての自覚、行動や思考の規範となるものをつくり、各店舗に掲示するようにしては如何でしょうか――？」

太田常務からの提案を受けて、私も同意した。

折しも、天皇陛下の生前退位の日程が決まり、平成時代が終わって新しい元号がスタートしようとしていた時期でもあった。新時代の「行動や思考の規範となるもの」をつくるのに、改元はまたとない機会と言える。

各店舗に掲示する以上、あまりみすぼらしい物では社員の士気がそがれる。ことさら金のかかった立派な物にする必要はないが、それなりに見栄えの良い金属製のプレートでつくることにした。

製作に当たって、私なりに思うところがあった。「ヤタローの心得」の時には、十分に考えるだけの時間もなく、文章もろくに推敲せずに適当に書き殴ったようなものだったが、今回はじっくりと推敲を重ね、良いものにしたい。そう思って、金原文孝専務をはじめ、周囲の者たちからも意見を聴き、取り組むことにした。

とはいえ、太田常務から提案があったのは3月末、改元は5月1日とすでに発表されており、プレートの製作期間を考えると許された時間は多くはなかった。

元もと、私は創業90周年を期してこうしたグループの象徴を刷新していくつもりだったのだが、「令和」への改元を機に、結果的に3年前倒しで実施することになったのである。

まず、「ヤタローの心得」で使用した二字熟語3つでは少々物足りない。かといって、熟語を7つまで増やすと逆にくどくなる。5つくらいならちょうどバランスがよさそうだ。

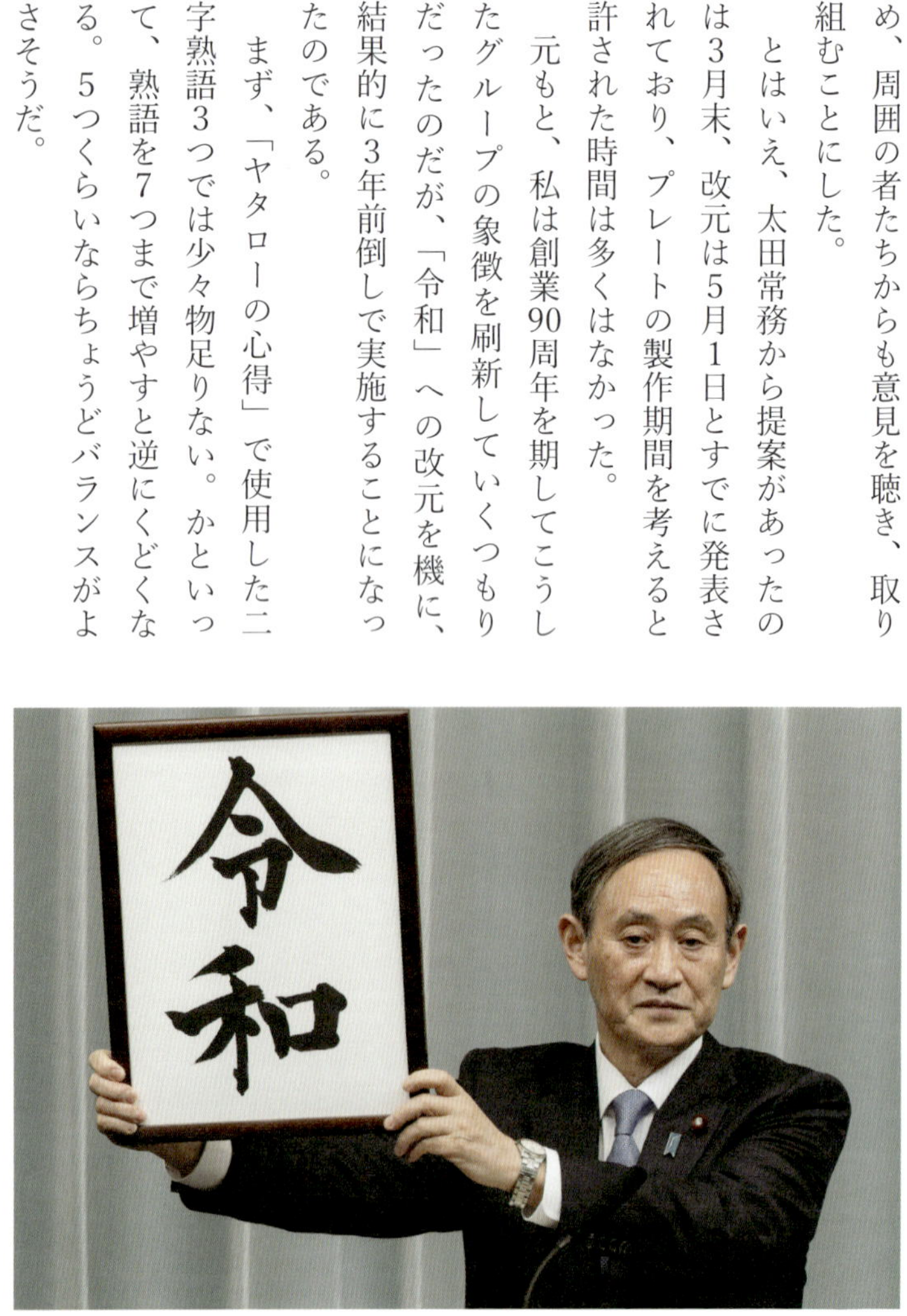

写真提供：共同通信

たまたま同じ頃、金原専務に「ヤタローグループの具体的な本部組織の編成」という宿題を出していたのだが、彼が提出してきた素案の中に「五行」という文言があるのを見つけた。これを見た時には、「専務、勉強しているなあ。これは私も負けてはいられないぞ」と思った。

後はその５つの中身だが、「工夫・感謝・信義」にあと２つ増やすとして、何をつけ加えるのがしっくりくるか？

「信頼」「三位」「精進」「連帯」「刷新」……等々、さまざまな候補が浮かんでは消えていった。その結果、最終的に残ったのが「共栄」と「継承」である。

次に、熟語に続く簡潔な解説のフレーズである。こちらは、熟語の選定以上に時間がかかった。「ヤタローの心得」の時から変わっていないのは、３番目の「信義」に対する「凛として背筋を伸ばして生きよう」というフレーズのみで、それ以外はすべて考え直すことにした。

こうして出来上がったのが、現在、ヤタローグループの各事業所に設置されている、およそ40㎝×60㎝ほどの銅板に墨書した楷書体で刻まれた次の文言である。

「ヤタロー五行」

・工夫

創意と向上心の基　弛まぬ研鑽が礎となる

・感謝

「もったいない」精神を世界に拡めよう

・信義

凛として背筋を伸ばして生きよう

・共栄

仲間と人々の仕合せ　繁栄と安穏を期そう

・継承

英知と和で過去と未来を繋げよう

妙にひねったフレーズもなく、一読すれば読んで字のごとく言わんとするところは明々白々だと思う。社是、経営理念——大筋はそのようなものとお考えいただいて差し支えないが、世間にありがちな概念的な標語ではなく、もう少し具体的な行動指針としたつもりだ。

当時の太田常務の一言から「ヤタロー五行」が生まれ、そして、後述する横糸構想にもつながっていくことになったのである。

## ヤタローは、課税されない資産（人・頭脳・技術等々）を育てる私塾

土地・建物・償却資産など、企業の保有する資産は、基本的にすべて法人固定資産税の課税対象となる。具体的には、本社社屋や工場、一部の直営店舗などの建っている土地と、上に建っている建物など、あらゆる保有資産に対して税金がかかってくる。価値の低い資産はそれなりに、逆に価値の高い資産であれば、高ければ高いほど課税額も法外に思えるほど高くつく。

そうした中で、ほとんど唯一、どれほど資産価値が高くても課税対象とはならないものがある。それが人――「人財」だ。その人が頭の中で考えているアイデア、口から出る言葉や人を惹きつける魅力、熟練した手腕から生み出される高品質の製品などは、企業が費用を投資し、時間と手間をかけて育成した掛け替えのない貴重な資産であるが、税務署はこうした資産に対しては１円の税金も課してこないのである。もちろん、逆に、会社にとって無益どころか有害な、莫大な損失をもたらし赤字を垂れ流すような社員を抱えていたとしても、税務署は一切考慮せず、減税も補償もしてくれないのだが。

すなわち、優秀な人材を採用すること、採用した人材を一人前に育成することを通じて、素材に過ぎなかった人材を価値の高い「人財」とする。そういう「人財」を社内に一人でも多く抱えていることが、企業にとっては「課税されない資産」となる。単純で当たり前の話だが、真理だ。

だからこそ、どんな大企業であっても人を育てることに腐心し、また多くの苦労もしている。人を「募り」「養成し」「切磋琢磨し」、その活躍の場を設けることが企業の使命であるからだ。

ならば、そのために企業は何をなすべきか――。

人を採用するには、まず、募集をかけなければならないが、求人広告を出しても、昨今はなかなか応募してくる人がいない。何もしなくても人が集まるのは、それに見合うだけの魅力を備えている企業だけだ。一口に「企業の魅力」といっても千差万別だが、例えば「休みが多い」とか「給与が高い」という内容であっても、「年間休日○○日」とか「初任給○○万円」というふうに、具体的に数字を挙げられる魅力のほうアピールしやすく、伝わりやすい。

ヤタローグループの魅力を数字でアピールするなら「労働分配率が高い」ということになるだろう。

「労働分配率」とは財務用語であり、「付加価値全体に占める人件費の比率のこと」などと解説されている。１００億を超えた頃から、Ｍ＆Ａなどの事業提携の話が数多くくるようになった。

従業員が２，０００人を超すと話すと、２００人と間違われ、聞き返されることもあった。

そのくらい売上規模の割に従業員数が多く、人件費率も高かったということだ。

だから外部のコンサルティング会社からは「よくこの労働分配率で経営されてますね」と半ばあきれた口調で指摘されたこともあった。

近年は労働生産性や労働分配率の改善にも挑戦してもらい、定年制の見直しや長年

若手主導の会社説明会

めざしてきたＢＰ（ビジネスパートナー）制度の活用に舵を切り、少しづつ改善が進んできていて、企業体質も変わりつつある。

さらに、利益目標を達成した場合はその成果を全員で配分するという「利益配分制度」や、利益の出ない厳しい時期においても従業員を解雇（人員整理）しない「雇用優先」、働く意欲と能力のある人は70歳を超えても適正な職場を提供し続けるとともに、実績を上げた人は30～40歳でも積極的に役員に登用する「出る杭は伸ばす」経営方針など、「人を大切にする」ことはヤタローグループが創業以来守り続けてきた伝統である。

本来、新卒者の求人は、総務・人事管轄で行うものだが、ヤタローグループでの新卒求人は別扱いで、半世紀も前の当初から、私自信が直接新卒求人を担当し、その後も、10年単位で将来有望な若手幹部候補を担当につけている。２０２３（令和5）年8月からは、新卒者は全員2年間は本部所属とし、その後に正式配属している。

技術者であれ、営業職や事務職であれ、縁あってヤタローグループに入社することになったすべての従業員には、それぞれ適性や能力に応じた教育を受ける権利がある。ヤタローグループのどの会社・どの部門であっても、そこに入社してくれた人たちを「どこに行っても通用する」「どこに出しても恥ずかしくない」一人前の人財に育てる場であって欲しいと思っている。

もちろん、働いてもらうために採用するのであるが、ただ言われた仕事をこなすだけでなく、「この仕事は何のためにしているのか？」「どうすればより効果的か？」といったことを自分で考え、行動できるようになってもらいたい。そのためにはどうすれば良いか。

「人を募り、養成し、彼らがお互い切磋琢磨して成長できる環境をつくり、成長した彼らに活躍の場を設ける」――そこまでが私の仕事だと考えている。ヤタローグループも現代の「私塾」でありたい。

きっかけが何であれ、ヤタローグループに入社した以上、そこには確かな縁があったということだ。ならば、その縁を大切にしていきたい。常に新規事業に関心をも

2022年の入社式

ち、果敢に挑戦し続ける「人財」になってもらいたいのである。

## BP（ビジネスパートナー）と社友

組織における人間関係も時代とともに変化し、21世紀には、従来にない新しい関係を確立する必要がある、と私は考えている。すなわち、旧来の「雇い主と従業員」という一方的な人間関係から、「伴侶」あるいは「協力者・仲間」とでもいうべき双方向の人間関係に進化することである。

順を追ってその変化を辿っていくと——１９９０年代初頭、当時のヤタローグループに森田義春氏という人物がいた。森田氏は「尾崎正技師長（後に『技聖』の称号を贈られる）の一番弟子」と呼ばれていた優秀なパンの技術者であったが、独立して自分の店を持つため、退社することになった。森田氏の技術や才能、何より人柄を高く評価していた私は、辞めると知って大いに惜しんだが、本人の意志は固い。また、広く業界の発展を考えた時、彼のような優秀な人材をいつまでも狭い会社の中に閉じ込めているほうが損失は大きい。彼が独立して成功すれば、これからの若い技術者たちの目標となり、励みになるだろう——と考え、喜んで送り出すことにした。

そこで、退社する彼にせめてものになればと思い、「暖簾分け」という制度をつくることにした。ヤタローグループを離れて独立するにしても、起業となればさまざまな苦労や手間がつきまとう。そんな時、陰に陽に助けてくれる存在があれば、どれほど心強いことだろう。そう考えてつくられたのが「シャンボール暖簾分け制度」であった。

具体的なメニューは、「資金援助」「中古機械の斡旋」「商品供給」「原材料の仕入れ先の紹介」「各種情報の提供」「オープン時の応援」「店舗物件探しのアドバイス」「店舗づくりのアドバイス」「包材等準備のアドバイス」「販売促進のアドバイス」と多岐にわたる。同制度を設けた狙いとして、「ヤタローグループ社員（特に製造技術者）が目標をもって働き、技術・知識を磨くことができるように……」という意図があった、と当時の記録に残っている。

また、この時点では想定していなかったが、「将来、独立して自分の店を持てる制度がある」ということは、新入社員の採用活動に際しても大きな魅力となっていたようだ。

そして、この「暖簾分け制度」は10店まで広がり、この経験を得て後の「社友制度」「BP（ビジネスパートナー）制度」へと進化したのである。

昔ながらの字義通りの「暖簾分け」では、勤めていた店の暖簾（看板＝商標・ブランド）も受け継ぐことになるが、この「シャンボール暖簾分け制度」を利用した独立心旺盛な店長たちは、「シャンボール」や「ルルドー」といった既存の店舗名を名乗ることはまずなく、大抵はめいめい自分の経営する店には自分の好きな店名を冠することになった。また、同制度の前述した支援メニューのうち、どこまでを利用するかは店長次第だが、独立心の高い者ほど支援をできるだけ頼らない傾向が強く、しかもそういう店長の店のほうが成功する可能性が高いようだ。

無論、ヤタローグループを辞めて独立した人たちが全員成功しているはずもない。正確な数は不明だが、経営が立ち行かなくなって消滅した店舗、身売りした店舗は数知れない。一度は独立しながら、頭を下げてヤタローグループに戻ってくる者も少なくない。基本的に「来る者は拒まず、去る者は追わず」の方針であるため、出戻りの

暖簾分けの1号店「ル・ビュール」

人間がいること自体は問題ないのだが、せっかく独立したにも関わらず、結果的に失敗に終わってしまうというのでは本人があまりに気の毒だ。「暖簾分け制度」には、そうした失敗例を少しでも減らしたいという思いも込められている。

1999（平成11）年5月、ヤタローグループを退職した三輪宏氏は「シャンボール暖簾分け制度」を利用して「麦の穂」という店をオープンした。これは、森田氏と彼の店「ル・ビュール」から数えて8番目の独立事例であり、三輪氏は「社友3種」（ヤタローグループが認定する資格）を持つ最初の独立者となった。そして、三輪氏の「麦の穂」は、「暖簾分け」にBP（ビジネスパートナー）制度を適用した最初の

S高校の学校内食堂

店舗となったのである。

ヤタローグループで働いたことは一度もなくても、ＢＰ契約を結んでいるパートナーも少なからず存在する。

具体例を挙げれば、その第1号は１９９６（平成8）年10月にスタートした私立S高校の学生食堂の運営である。これは同高校のＯＧであったある女性をヤタローのビジネスパートナーとして契約を結び、運営の全権を委ねたことが始まりであった。

彼女はいわゆる〝学食のおばさん〟タイプで、面倒見の良い性格を買われて、ヤタローグループが運営を依頼された時に、彼女を実質的な学食の経営者に任命することにした。

そういう経緯であったから、彼女は食堂の利用者である生徒たちのことを、「お金を払ってくれるお客さま」扱いするのではなく、「そんなに甘いものばかり買うもんじゃないよ」とか、「そんなにたくさん食べたら太るよ」とか、ちょうど娘に対する母親のような愛情で接していた。オーナーに対して、今月の売上がどうの、コストがどうの……ということを第一に意識せざるを得ない直営店舗の雇われ店長ではこうはいかない。そこがビジネスパートナーのいちばん良いところだと思う。

何故かといえば、直営店舗の場合、店長も従業員も「ヤタローグループから給料をもらう社員」であり、店の売上は全て会社のものとなる。それに対して、ビジネスパートナーは「ヤタローグループのノウハウやインフラを使用し、その対価を支払う」だけでよく、店の売上はそのまま店長本人の収入になる仕組みである。

この高校の校長からヤタローグループが運営を受託する際に、「洋食の食べ方をレクチャーできるレベルの食堂にしてほしい」との要望を受けていた。その後、実際にＢＰ制度による運営が始まると、「洋食講習会」を視察した校長には非常にご満足いただき、「素晴らしい食堂だ。他の学校にも推薦したい」という話になり地元のＮ高校を紹介され、その後首都圏の系列高校２校への進出につながったのである。こういう展開もＢＰ・オーナー制度だからできることで、従来のヤタローグループ直営店舗ではありえないことであった。

なお、私が30年以上前からことあるごとに口にしていた「オールＢＰ化」という言葉がある。これは、ヤタローグループで働く人間全員を「ＢＰのみ」とすることだ。つまり、社長・会長以下、執行役員がいて、部門長がいて、従業員たちがいて――という、旧来の直接雇用による「労使関係」は消滅する。指示命令を下す者と、それに従う者による上下関係もなく、あるのは、共通の事業目的を達成するために必要な協力を要請する者と、自らの意志で協力する者たちの対等な関係であり、いわば「同志」「仲間」「協力者」、あるいは「伴侶」ともいうべき理想的な関係である。

ヤタローグループでは、この理想的な関係を生み出すために長年の間、試行錯誤を繰り返してきた。

多店舗展開ではサービスの標準化が当たり前だった時代に、治一郎の静岡店や京都店で行なった試みも、より理想的なBP関係構築を模索する上で「モデル店」となることを期待してのことだった。

ずいぶんと遠回りもし、時には脱線することも少なくなかったが——20年以上に及ぶ試行錯誤の積み重ねの結果、ようやく次の段階まで進むことができるようになった。

## 地域のためにスタートしたサービス事業展開と「頼まれ仕事」

〝ヤタローグループは「頼まれ仕事」を重視している〟ということは、その理由も含

ニューグランドホテル湖西

めて、第1章でごく簡単に説明したが――ただし、具体的にどんな仕事を頼まれ、引き受けてきたのかについては、特に触れていなかった。

とはいえ、ヤタローは「パン屋」である。百歩譲っても「食品製造業」であり、それ以外に能はない。だから、「頼まれれば何でもする」というわけにはいかないが――ヤタローグループの仲間が増えていくのに伴い、レストラン事業や店舗内のイートインコーナーなど、飲食サービスに関するノウハウは自然に蓄積されていった。

また、当初は頼むほうも常識を弁えているから、少なくとも、全く畑違いの分野の仕事がヤタローグループに持ち込まれるようなことはなかった。だが、関わってくる人間の数が増えれば、予想もしていなかった事態が起こることも往々にしてあるものだ。

例えば、１９９８（平成10）年10月、ヤタローグループは湖西市にあるグランドホテル湖西（ホテル名はニューグランドホテル湖西に変更）の運営を手がけることになった。「パン屋にホテル経営ができるか？」という心無い（だが、当然と言えば当然の）風評に晒されながら、10年余の経営を維持し、いくつかの目標も達成し、地域間競争での敗退が決定的となったため、２０１０（平成22）年1月、このホテルは閉鎖となった。

このホテルの運営を請け負った理由には、次の三つがあった。

①もの作り、サービスの次に「ホスピタリティ」を学ぶため

②当時の浜松市長の「ものづくりの街」から「もてなしの街」へのスローガンに沿って観光事業を展開していくため
③当時、地域間競争が大きなテーマだった中で、浜松市が環浜名湖構想のもとで西岸を先端拠点として重視していたため

この事業を通じて得た経験は貴重な財産となり、その後、ヤタローグループが地域のために様々なサービス事業を展開していく中で、宿泊施設の運営などに大いに役立っている。文字通り、「転んでもただでは起きない」結果となったのである。

一方、2001（平成13）年4月以降、ヤタローグループは新たな事業展開を迎えることになる。これもやはり、発端は「頼まれ仕事」であった。

この「頼まれ仕事」の内容というのは、磐田市のD会社の社員食堂などの管理・運営である。いずれも、前述したBP（ビジネスパートナー）制度の適用案件であった。

BP制度は、ヤタローグループ営業権をもつ店舗・施設の運営を委託する制度である。ビジネスパートナーさんとは契約を結び、自分の店として運営をしてもらう。基本的に対等のビジネスパートナーとして意見や要望も遠慮なく言える、話が通じやすい関係であ

り、いわゆる下請けという扱いではない。

ＢＰ制度で運営・管理される学校レストランや社員食堂は、その後も次々にオープンしており、ＢＰ制度とこれらの業態の組み合わせの相性が良いことがわかる。

また、２００３（平成15）年９月には、地方自治法の一部改正により「指定管理者制度」（公の施設の管理・運営を、株式会社をはじめとした営利企業に代行させることができる制度）が施行されたが、我われヤタローグループは２００６（平成18）年４月、指定管理者の認定を受けることができ、新たに公共施設の運営事業の受託を開始することになった。これもまた、「頼まれ仕事」である。

２００７（平成19）年４月からは、「天然温泉　あらたまの湯」の運営受託をスタートさせている。

この時も、「パン屋に温泉経営ができるか？」と社内外からさまざまな疑問の声が聞かれたが、すでにニューグランドホテル湖西で全くの異業種であるホテル経営にも挑戦していたヤタローグループとしては、決して成算のない無謀な挑戦だとは思わなかったのである。

事実、オープン当初からたいへんな賑わいであった。

当初は１日の来訪客を３００名、ピーク時で５００名前後を想定していたのだが、いきなり２０００名を超えるお客さまを迎えることになり、そのままＧＷ明けまで連日、１０

ヤタローグループが運営する企業内社員食堂

あらたまの湯

00名を切る日はないほどの大盛況が続いた。まだ慣れていないスタッフの間からは、「嬉しい悲鳴」どころの騒ぎではない、「本物の悲鳴」が聞こえてくるようなありさまであった。

だが――。結果的に、「あらたまの湯」の運営受託は1期3年間で契約満了となり、ヤタローグループの手を離れることになった。温泉施設自体はその後も営業を継続しており、直近ではコロナ禍の影響も見られたものの、相変わらず盛況だと聞いている。一度は自分たちが関与した施設が、運営に当たる指定管理者が変わってからも引き続き盛況というのは喜ばしいことだと思う。

その後「総合産業展示館」「静岡県立森林公園　森の家」「国民宿舎奥浜名湖」「田園空間博物館」といった公共施設の運営も受託するようになった。

## 海外事業の展開

1983（昭和58）年7月、ヤタロー創業50周年記念事業の一環として合弁会社「キミサワ・ヤタローベーカリー」をマレーシアに設立し、首都クアラルンプールに1号店となるインストアベーカリーを出店した。

翌年にはマレーシアセントラル工場を開設し、加えて同国内に2号店、3号店を出店している。

この一連のマレーシア進出に際しては、かつて株式会社ドンクの青山店で私がヤタローの入社前研修を受けた時にお世話になった伊藤良太郎氏と、私の輪島中学校以来の長年の親友である（前述の）大場勝氏に多大なるご尽力をいただいた。

また、その一方で、ヤタローグループは1986（昭和61）年に現地法人「ヤタローシンガポールプライベートカンパニー」を設立し、代表取締役は私が兼任することにした。同年中に、ヤオハンからもほど近いオーチャードロードにインストアベーカリーで直営1号店を出店し、さらに直営2号店としてアオカン（Hougang）地区の店舗を買収した。

幼稚園からの友人、大場勝氏と著者（右）：中学時代最後の頃

１９９３（平成５）年には、オーチャードエリアのギンザプラザ店オープンから10年余り存続し、「第一次海外進出」の中ではいちばんの成功事例といっていいだろう。

こうした海外事業への取り組みは、社外に対して見栄を張ったわけではなく、これからの事業展開に当たって、海外進出は必須であるという考えがあった。さらに、社員の視野を広げるとともにヤタローは「静岡だけの会社ではない、世界に向かっている会社である」という夢とプライドを持てるようにしたかったからだ。

シンガポール進出から10年目には、やはり同地に進出してきた伊勢丹デパートの地下に直営2号店がオープン。さらに、カリマンタン島北部のブルネイ（ブルネイ・ダルサラーム国）の首都バンダルスリブガワンのセンターポイントに1号店をオープンした。

海外進出で得た収益は、全て海外に再投資したこともあり少しずつ海外の拠点が拡充されていったのは確かな事実であるが、その一方で、海外進出はきわめて効率の悪いビジネスでもあった。創業50周年にして始まるこの「第一次海外進出」は、当初まったくの手さぐり状態からスタートしたにせよ、単にシンガポールを拠点とした局地的なものではなく、そこを足がかりとして、次の局面では地球レベルまで無限に展開していく壮大な夢をテーマとして描くものであった。

もちろん、「地球レベルの展開」を考えていた以上、我われは東南アジア以外の国へも

クアラルンプールに出店したベーカリー

シンガポール1号店

目を向けていた。まず、身近な隣国である中国への進出を考え、１９９９（平成11）年、２００１（平成13）年と無錫（むしゃく）や南京で事業投資を展開したが、これは翌２００２（平成14）年暮れから始まったＳＡＲＳ（重症急性呼吸器症候群）の大流行の影響などもあって、ヤタローグループの中国進出は出鼻をくじかれた格好で早々に頓挫することになった。

第一次海外進出は、当時ヤタローグループの主軸事業であったベーカリー事業でまずまずの成功をしたとも言えるが、その後一旦幕を閉じることになる。

流通業界を含めた現地でのパートナー問題や大手日本企業の海外進出・撤退の波に逆らえなかったこと、そして海外事業を希望する若手の育成が十分でなかったことが大きな要因だった。

それから約10年後――２０１２（平成24）年、ヤタローグループは創業80周年を迎えた。80周年記念事業としていくつかのプロジェクトが並行して立ち上がる中、我われは新たな形で「第二次海外事業」を本格的に始動することにした。

同年９月、マレーシアに海外事業室「マレーシア事務所」を開設した。マレーシアといえば、その30年前にヤタローグループが初めて海外進出の第一歩を刻んだ地であり、この「第二次海外事業」の再開にふさわしい場所だったと言えるだろう。

第二次海外事業は第一次海外進出とは違う目的も付加された。詳しくは後述するが、その第一の目的は人材の育成であった。

２０１３（平成25）年には合弁会社「YATARO MALAYSIA SDN.BHD」を設立し、クアラルンプールに「ＲＵＳＣＯ クアラルンプール・パビリオン店」をオープンした。続いて、クアラルンプールのミッドバレーメガモール内に「ＲＵＳＣＯ ミッドバレー店」をオープンし、現地法人「YTG JAPANESE SWEET AND BREAD SUPPLY SDN.BHD」を設立する。同社が経営する和カフェ「Wa Caf」がクアラルンプールで開業したのは、２０１７（平成29）年のことであった。

マレーシアに続いて、ヤタローグループがこの第二次海外事業でめざしたのは、東南アジア諸国の中ではインドネシアであった。第二次では新しい事業で人材を投入した。現地法人を立ち上げたのはマレーシアよりも早く、２０１５（平成27）年に「PT.PRIYO HARTOMO GEMILANG」を設立している。そして、同年中にはインドネシアの首都ジャカルタのガンビル地区に同社の運営する「富士山鯛焼」１号店がオープンした。

この「富士山鯛焼」について解説すると、この商品は、洋菓子スイーツのブランドである「治一郎」に対して、和菓子スイーツのブランドであり、ヤタローグループがその10年以上前から温めていた「グローバル社員」、すなわち外国籍を持つ社員が中心になって出店までこぎつけたものだ。このグローバル社員は、インドネシア国籍のプリヨ・ハルモトといい、２０１２（平成24）年の新卒（大学院卒）入社である。院生時代からアルバイトとしてヤタローで働いてきた彼は、入社後半年足らずでマレーシアのショッピングモールにラスクの専門店をオープンさせるため、日本人社員と現地人アルバイトの橋渡しに努めた。このインドネシアの1号店オープンの後、彼は「富士山鯛焼」のブランドを国内でも展開するべく、静岡県富士宮市のショッピングモール「あさぎりフードパーク」に出店するための店舗開発に携わることになった。

２０１６（平成28）年2月、「富士山鯛焼」のあさぎりフードパーク店がオープンした。プリヨは、引き続き海外事業部に所属するグローバル社員として活躍するとともに、後述する「グローバル会」の中心メンバーとして、外国人社員（中国、モンゴル、ネパール、インドネシア、フィリピンなど）全員の仕事や生活のサポートの仕事もしてくれている。「グローバル会」は発足から10年余になるが、このプリヨをはじめ、永住権取得者も増えつつあり、将来的にさまざまな展開が可能になるだろうと期待をかけている。

なお、この「富士山鯛焼」は、広い意味では「ヤタローグループが開発・製造・販売する自社ブランド商品」であるが、今日の販売戦略においては、同業他社とコラボレーションを組み、相互の店舗でそれぞれのブランドの商品を販売するケースも少なくない。こうした他社とのコラボ企画（共同プロジェクト）も年々質・量ともに成長しつつある。

第2次海外事業からおよそ10年が経過したが、第一の目的であった人材育成については、素晴らしい結果となっている。先発で海外に向かったメンバーは、研修を終え、本業に向けて動き始めている。

あさぎりフードパークでの「富士山鯛焼」

# 第6章 300年の計を画す経営

## ヤタローがめざす道

## 脱皮と株分け

「脱皮できない蛇は滅びる。脱皮することを妨げられた精神も同じであって、変化することを妨げられた精神は滅ぶ」
——フリードリヒ・ニーチェ『曙光』より

フリードリヒ・ニーチェの写真

これは19世紀ドイツの哲学者ニーチェの言葉だという。私は哲学など縁のない商売人だが、ニーチェのこの言葉の持つ含蓄には共感するところも多い。とはいえ、「精神」だの「滅ぶ」だのという言葉は概念的すぎる。そこで、私なりの感性でこんなふうに言い換えてみた。

「脱皮しない蛇は生き続けられない。それは変化できない組織も同じことだ」——と。

組織にとっての脱皮とは、蛇が古くなった外皮を脱ぎ捨てるように、時代に合わなくなった事業や制度を廃止し、時代に適応した新しいものに切り替えることだ。その中には、長い間組織の成長に貢献してきたものも多いだろう。長年自分が携わってきた、愛着のある事業を「時代に合わなくなったから……」といって切り捨てることの辛さは、私にもよくわかる。だが、その辛さから逃げないことこそ、経営者に求められる資質であり、時代を超えて生き続ける組織の条件であると思う。

私の考える「経営の基本３要素」は、次に挙げる３つだ。

・継続をモットーとした長期政権
・スピード感あるワンマン体制
・人間中心主義

無論、これはあくまで私個人の考えに過ぎない。世の中には、これとは全く異なる考えに基づいた経営方式で、長きにわたり

地元の原点産業となった機織機

存続している組織も多々あることだろう。そんなことは百も承知である。

常に改革し続けることこそが、組織を継続させる大前提であり、〝命〟でもあると私は考えている。当然、これ以降も毎年のように複数の改革を実施しているのだが、ここまで述べてきた改革も含めて、その全てが成功しているわけでは無論ない。そもそも、改革に失敗はつきものだ。失敗すれば改めれば良いだけだし、成功したとしても、時代や状況に合わなくなれば直ちに切り捨てて新たな改革に挑戦する。組織が存続する限り、挑戦に終わりはない。

そして、30年に1度は、抜本的に変化させる改革、すなわち組織のリフレッシュが必要になってくる。前回（1985年）の抜本的改革から約30年後に当たる2016（平成28）年、ヤタローグループは次なる抜本的改革に挑戦することになった。

## 横糸構想

織物は、縦糸と横糸の組み合わせによって構成されている。どちらか一方だけでは、織物の形を成さず、わずかな力を加えただけでたちまち四分五裂してしまう。それは多くの人間たちが集まった組織も同様だ。組織の「織」は織物を意味している。

織物は、彩り豊かな横糸との組み合わせによって複雑な模様を描くことができるが、横糸の役割は単なる彩りには止まらない。縦糸だけで構成された組織は、上下の指示命令系統こそしっかりしているが、集団としての強靭さに欠ける。縦糸を補完し、より強靭な集合体とするためには、横糸の存在が必要不可欠なのである。

ヤタローグループという我われの組織もまた然り。正規の指示命令系統である縦糸がしっかりしていることは前提条件だが、それとがっちり噛み合った横糸があってこそ、組織はバラバラにならず有機的に機能することができるのである。

これと同じように、ヤタローグループには、多くの「横糸」として機能している小集団が参画している。本書をここまで著述してくる中で、必要に応じて簡単に紹介してきたものもあるが、ここで全体像を整理するために、改めてこれらの横糸組織（部会）を列記してみよう。

一口に「横糸」といっても、ヤタローグループにおいては「内」と「外」にそれぞれ組織（部会等）があり、それぞれグループを内と外から支えていくことになる。

**【内①　ＢＰ指導員群】**

「内」に位置する組織の筆頭にくるのは、繰り返し述べているようにＢＰ制度である。活動内容についてはくり返さないが、全国のＢＰをリスト化し、その全体を取りまとめているのは「BP指導員群」と呼ばれる集団である。ちなみに、BP指導員とは「物つくりのリーダー」「アウトレットのスペシャリスト」など、ヤタローグループ内でも特に一芸一能に秀でた優秀な人財を指導員としてBPの育成に努める制度であり、指導員の人選は2021（令和3）年1月からスタートしている。

## 【内② グローバル会】

次に、第5章で取り上げた海外進出に絡めて簡単に紹介した「グローバル会」がある。第二次海外事業をスタートして10年以上になるが、この間、東南アジアからの人材育成を皮切りに、ボストン（第4章で取り上げた「都あんぱんの展開」）やパリへの進出を企図して準備を進めてきた。残念ながら、コロナ禍の影響で大幅な軌道修正を余儀なくされているものの、計画自体が頓挫したわけではない。すでに紹介したインドネシア出身のプリヨ・ハルトモを中心に、海外出身者で構成された通称「グローバル部隊」が大活躍し、彼らグローバルメンバーには、新たにヤタローグループに参画した企業に出向してさまざまな業務を経験してもらっている。

グローバルメンバーのうち、在籍期間が10年に満たない若手の中からすでに7名が日本での永住権を取得していることは、ヤタローグループにとって大いなる実績であり、海外諸国からの信頼の現われであると考えている。また、グローバルメンバーが中心となって開発した、東南アジア諸国で親しまれている焼き菓子クエラピス（イスラム教徒も食べられるハラル菓子）は、本来はインドネシアでの発売を予定していた新商品であったが、コロナ禍を受けて日本国内での通信販売を先行してみたところ、少しずつではあるが反響を呼んでおり、確かな手ごたえを実感している。今後、このグローバル会発の新規事業の立ち上げを計画しており、２０２２（令和４）年秋より、海外経験豊富な非常勤担当役員清水賢治取締役を社外から迎えて、正式な事業部としてスタートしている。

インドネシア向け焼き菓子「クエラピス」

## 【内③　女性会】

続いて、正式名称は未定ながら「女性会」としてすでに活動を開始している部会がある。これは、２０１７（平成29）年に指示した「社内女性会」を母体とする部会である。社内女性会は、政策的に女性役員を選出することを目的としたものだ。さらにさかのぼれば２００６（平成18）年頃、すでに私は社員たちにこんなことを話していた。「10年後に女性スタッフが幹部として成長し、主要ポストを占めていないようでは、ヤタローもおしまいだよ」。その目標に向けて皆で努力してきた結果の一つが、この社内女性会に結実していると言えるだろう。

また、これとは別に、当時私が主宰していたＪＢＩ（ジャパンベーキングインダストリー）同友会の中に「全国版女性会」を立ち上げるべく、本部所属の横田川さゆり次長（現執行役員）に特命を与えた。横田川は、銀座木村屋本店の社長（本社社長の姉）と協力してこの任に当たり、見事期待に応えて女性会を結成してくれた。こちらもコロナ禍のため正式なお披露目は遅れたが、２０２２（令和４）年2月に開催されたＪＢＩ幹事会において正式に発足することになった。

これに先立ち、女性会の分科会として、２０２１（令和３）年12月には、仮称「ＯＡＴ（女将・アテンダントチーム）会」の準備会が開催された。同準備会の席上で分科会の正式名称が検討され、最終的に「更紗（さらさ）チーム」と命名されることになった。この「更紗チーム」の目的は、彼女たちがそれぞれ培ってきたサービス精神を女性の手で確かなヤタローイズムとして埋め込み、女将たちのこれまでの実績を進化させて、新しい時代のホスピタリティ業と教育産業への結びつきまでを想定している。ここに挙げた「社内女性会」「全国版女性会」「更紗チーム」の全体を束ねる仮称「女性会」は、横田川を中心に現在進行形で進められている。

### 【内④　フェローの会】

次に「フェローの会」について。これは２０１７（平成29）年8月、当時65歳以上であった常勤者を集めて結成された部会である。65歳という年齢は延長された定年であるが、この年齢を超えて引き続き就労（週1日でも可）を希望する者の中から、一定の基準以上の者を厳選してメンバーに加えていくことになる。２０２１（令和3）年1月時点でメンバーは20名であり、２０２０（令和2）年に定年を迎えた37名中、新たに加わったメンバーは4名のみという狭き門である。一般職に定年制を導入していく準備に入ったのである。

「フェロー」（fellow）とは、大学教員、研究所の研究員など研究職に従事する者に与えられる職名または称号であり、企業、大学、研究所、シンクタンクなどでよく見られる。

ヤタローグループにおけるフェローの会は、「目立たない陰の仕事を黙々と遂行することを任務とし、工場機械類の営繕活動を中心に「形のないものを大切にする〝もったいない〟の用語を世界に通用する合言葉にしよう」をテーマに掲げている。また、近所に迷惑をかけないように、会社の敷地内をきれいに保つことが地域貢献の第一歩であり、ひいては企業資産価値を高めることだと考え、これを実践している。

第6章の最後に「課税されない資産としての人財」という意味のことを述べたが、「人・物・金」に加えて「情報」の管理・

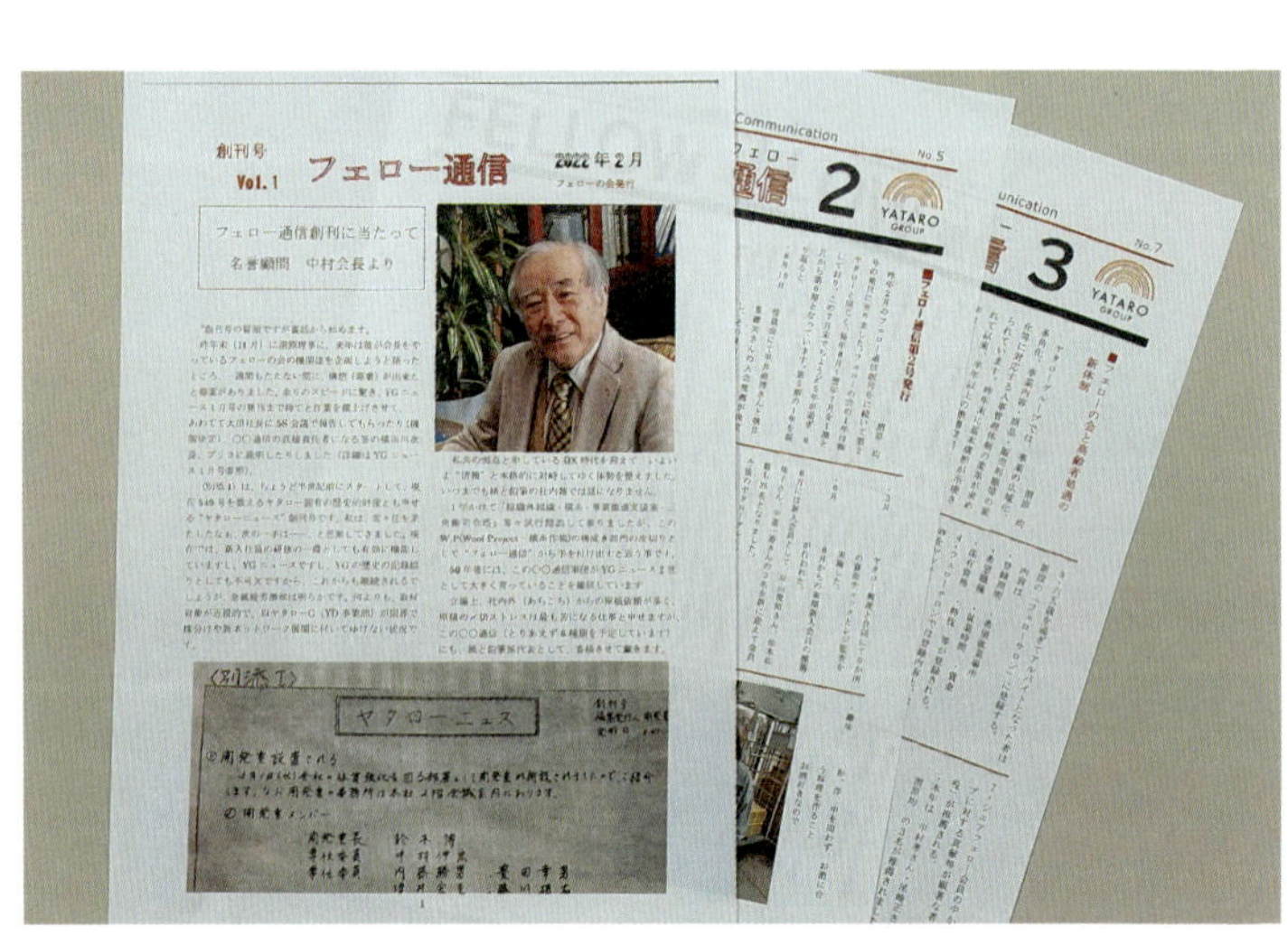


フェロー通信

共有・活用についても将来的に重要になると考えている。フェローの会のメンバーには、これらの企業資産について年に１回巡回してチェックするという業務を担ってもらうことになる。

なお、ここまで述べてきた各部会の活動状況については、社内報である『ＹＧニュース』とは別に、それぞれの部会で活動報告や事業内容の紹介記事を掲載する会報誌の発行を予定しているのだが、他の部会の先陣を切って、フェローの会の発行する『フェロー通信』が真っ先に発刊準備を整えることになり、「さすがは……！」と驚きと称賛の声が社内から上がっている。

**【外①　治一郎大使】**

また、部会という扱いではないが、ヤタローグループの全国展開に向けての布石の一つと位置付けている「治一郎大使」は、第２章で詳述した通り、２０１８（平成30）年春から始動している。

**【外②　不動産（宅建）】**

ヤタローに籍をを置きながら、当初からシンコー商事（現在のヤタローグループホールディングス）を設立し、不動産業を先行させていたが、突然のヤタロー社長就任や女性顧客が多いパン、スイーツが主体の事業会社の代表には、不動産業は不向きだとの忠告もあり、しばらく休眠状態になっていた。

ノロ食中毒事故（平成26年1月）を機に、再指導いただいた小池先生のアドバイスもあり、私自身のライフワークとして、不動産で繋がる仲間（具体的には、宅建資格をもちながら正業としていない仲間）で全国にネットワークを形成しようと、不動産部門再開の準備に入ることとなった。

幸い有能な後継者に恵まれ、北は札幌のアテネ開発、西は福岡の桜花不動産と7社の核になる拠点が整った。

**【外③　ＹＧ交流会】**

これまで説明してきた部会メンバーも参加しているＹＧ（ヤタローグループ）交流会という会合がある。１９８９（平成元）年に消費税が初めて導入された際、公認会計士の松島知次先生を招いて、地元浜松の企業のほか、金融、証券、保険会社の代表が集まり、税務・会計についての勉強会を行った。地方の中堅・中小企業は、大都市の企業と比べてハンディが大きい。目まぐるしく変わる税制に単独でついていくのは難しく、個人の相続や

浜松でのYG交流会（講演会）

浜松でのYG交流会（懇親会）

事業継承などの際は、長く信頼のおける仲間が必要となる。十数名でスタートした金融交流会は、その後はヤタローが事務局となって年に一度会合を開き、企業同士の横のつながりを作る役割を果たすことになった。

２０２３年（令和5年）には、この地元の１００名を超える部会に全国をまたがる仲間、関係者を再編をして、毎年浜松のほか、東日本、西日本の三か所に分けて交流会を定期的に開催して、講演会や情報交換会、店舗見学などを行なっている。

## 地域とともに

「治一郎のバウムクーヘン」は、バウムクーヘン業界の異端児で、差別化から生まれたものである。

①しっとり柔らかな食感
②直販とＥＣに絞った販路
③極限までホール商品をメインにしてバラエティ化を避け、販路はギフト市場１本で（土産品市場を避ける）

以上の３つを販売戦略の基本方針にしてきたが、一方でバウムクーヘン業界の拡大、充実には土産品バウムクーヘンが必ず不可欠となると考えていた。私はこれを「１０１匹クーヘン構想」と呼んでいたが、そんな思いを込めて、平成最期の２０１９（平成31）年３月に市場に投入したのが、新商品「きみのまま」であった。

「きみのまま」は、「想いは母の卵焼き」をコンセプトに地域のお土産品としてたっぷり卵を使用した濃厚な卵焼き風味と隠し味のみりんの優しい甘味、母の愛情をこめて丁寧に焼き上げた手づくり感覚のバウムクーヘンである。しっとり・ふわふわ食感と飲み物がなくてもそのまま食べられるのど越しは「治一郎のバウムクーヘン」の長所を過不足なく受け継いでいる。

　発売から5年を経て、今や地元浜松を中心に多くのリピーターを生んでいるヒット商品に成長している。

「きみのまま」が母犬なら、子犬の先発が別表の９つのご当地バウムクーヘンである。

「ご当地バウム」とは大雑把に言えば、全国各地の「地域名産品」を材料としたオリジナルのバウムクーヘンで、地元の原料を、地元で生産・販売することで、「地元興し、地元貢献」に繋がる起爆剤になってほしいと思っている。

すなわち、全国各地の「地域の名産品」を材料としたオリジナルのバウムクーヘンを開発・製造・販売を行なうという取り組みである。

　２０１２（平成24）年には、地元・三ケ日の名産品「三ケ日みかん」を生地に練り込ん

浜松中心に販売している「きみのまま」バウムクーヘン

だ新東名浜松ＳＡ（サービスエリア）限定商品「三ケ日みかんバウムクーヘン」という成功事例がある。これは、ヤタローグループのお膝元での試みであるが、「地域の名産品」を開発した最初の事例であった。

そこで、同じように、全国各地の名産品とバウムクーヘンをコラボし、独特の味と食感を魅力とする「新たな土産品の定番」をつくり出そうという挑戦が始まっている。

例えば、兵庫県豊岡市の観光地・城崎温泉にあるコウノトリの郷公園に隣接する「コウノトリ本舗」という店では、城崎スイーツ co・co・ro　コウノトリセレクションのラインナップとして「米粉バウム

**ご当地バウムクーヘンの一覧表**

| | 品名 | 発売時期 | 販売している地域 |
|---|---|---|---|
| 1 | 米粉のバウム | 2011.3 | 兵庫県城崎 |
| 2 | 三ケ日みかんバウムクーヘン | 2012.4 | 新東名浜松SA(上・下) |
| 3 | きみのまま | 2019.3 | 浜松・他 |
| 4 | 富士山麓雪どけバウム | 2019.3 | 富士宮 |
| 5 | 駿河湾フェリーバウムクーヘン | 2021.4 | 駿河湾フエリー |
| 6 | 当間高原リゾートベルナティオバウム | 2021.8 | 新潟（ホテル） |
| 7 | えんばうむ | 2021.11 | 森町（小国神社） |
| 8 | 富士モータースポーツミュージアムバウム | 2023.3 | 富士スピードウェイ |
| 9 | 能登バウム | 2023.3 | 能登 |

クーヘン」を販売している。順番で言えば、こちらが「ご当地バウムプロジェクト」の第一弾だ。

さらに、私の故郷である石川県輪島市の名産品とコラボを組んだ「能登ばうむ」は、輪島商工会議所と共同で立ち上げた「穴珠能輪（あすのわ）」ブランドの一環として、2023（令和5）年10月に販売がスタートした。「穴珠能輪（あすのわ）」は、「奥能登」地域の企業と協力して開発された商品の地域ブランドである。輪島市、穴水町、珠洲市、能登市の各市町の頭文字を取って「穴珠能輪ブランド」と名付けられた。

残念ながらこのプロジェクトは本書執筆中の2024（令和6）年1月1日の能登地震で一旦棚上げとなっているが、能登の復興とともに再開をしていく予定である。

## バウムクーヘンに夢をのせて

ここまで本書で述べてきた通り、ヤタローパンが中村屋さんのOEMとして初めてバウムクーヘンづくりに挑戦して以来、日本は二度にわたって〝バウムクーヘンブーム〟を体験してきた。

一度目は、1970年代後半――個包装の技術革新と、コンビニ・駅ナカ・デパ地下などの販売チャネルの多様化がもたらしたブームであったと言える。ヤタローは、中村屋ブランドの個包装バウムクーヘンの大量生産を市場に先駆けて実現し、この第1次バウムクーヘンブームをけん引した企業の一つであったと自負している。

二度目が、２０１０（平成22）年頃――「やわらか・しっとり」というバウムクーヘン自体の味と食感の革命がもたらしたブームであった。ヤタローグループの「治一郎のバウムクーヘン」は、間違いなくこの第2次バウムクーヘンブームを巻き起こした大本命であり、その後も10年以上続く息の長いブームを定着させてきた。

そして、近い将来、三度目のブームが訪れることになるはずだ。来たるべき第3次バウムクーヘンブームでは、全国１００の地域で、１００種類の「ご当地バウム」を、それぞれ地域限定販売する。製造・販売の担い手は、ヤタローグループのＢＰとなった、現地のパン屋や洋菓子店である。これらの店舗（会社）は、地域経済の活性化や雇用の創出に貢献し、東京などの大都市圏に流出して減少した地域人口がふたたび増加に転じるための第一歩となる……。

今のところ、これは私の夢かもしれない。だが――何の根拠もない夢物語では断じてない。

バウムクーヘンという洋菓子は、薄い生地の層を何重にも巻きつけることで年輪のよう

ご当地バウムの「雪どけバウムクーヘン」

穴珠能輪ブランドの「能登バウム」

な模様を形成している。1層1層の厚みはほんの1㎜〜2㎜程度のものだが、それが幾重にも積み重なってあの独特の風味と食感が生まれるのである。

ヤタローグループが掲げる「300年の計」、そして、「輪島ふるさとプロジェクト」をはじめとする地方再生の壮大な取り組みも、このバウムクーヘンと同じことだ。

一つひとつでは大した厚みを持たない努力を、十重二十重に繰り返し積み重ねていくことで、いつの日か必ず形ができあがり、結果が生まれる。そう信じて、目の前の一歩一歩を着実に歩み続けていくしかない。

何もしないで永遠に続くブームはありえない。だが、一つのブームが終わっても、すぐに次のブームを生み出していけば、全体としてはブームが継続することになる。

現在、我われが仕掛けつつある第3次バウムクーヘンブームは、ご当地ならでは名産品の再発見と観光誘致による地域経済の発展を促し、ひいてはふるさと再生をめざすブームとなるはずだ。

# 終章　一〇〇周年に向けて

## ヤタローの新たなる挑戦

2023（令和5）年、ヤタローグループは、無事に九〇周年を迎えることができた。しかし、ここで足踏みをしてはいられない。変わりゆく未来を見据え、来る一〇〇周年に向けて新たな一歩を踏み出すべく、着々と準備を進めている。ここでぜひ、その一部を紹介させていただきたい。

## 工場機能の移転と、工場直売店（アウトレット）のリニューアル

ヤタロー本社のある浜松は日本のほぼ中央に位置し、東名高速道路と新東名高速道路の大動脈が二本も通っている。つまり、日本全国に効率よく商品を届けるための物流拠点にうってつけの場所なのだ。そこで、主要工場と物流拠点を併せもった機能を浜松郊外に移転する計画を進めている。また工場直売店（アウトレット）も2025（令和7）年4月には新たな機能を加えて、丸塚の別区画に移転、リニューアルする予定だ。

この移転はヤタローにとって百年に一度の大転換となるだろう。

## 教育産業への挑戦

第5章で述べたように、ヤタローでは縁あって入社してくれた若手社員を人財として育成している。これを発展させて、あらゆる人に門戸を開いた教育機関を作ることが私の最

後の仕事だと考えている。

現在、浜松市の北寺島というところで、人を育成し、モノづくりの技術者を生み出す学校を創る計画が進行中だ。ＪＲ浜松駅の南、徒歩10分と利便性の良い場所である。ヤタローは直接学校運営には関わらないが、７００坪の土地を提供する。

学校法人化はするものの、これまでの型にはまらない学校になるはずだ。日本人の学生にとどまらず、東南アジアを中心とした海外の学生たちを積極的に受け入れるグローバルな人材育成機関となる。日本と海外の若者や技術者が共に日本のモノづくりや「もったいない」の精神を学び、刺激し合える場所を浜松に創るのだ。

将来、日本の技術を習得した卒業生が、グローバル人財として世界中で活躍する、そのような学校となることを願ってやまない。

また、学校では研究開発機能をもったスペースも新設する予定だ。能登復興の一助としての「米粉」を使った菓子類の商品開発や「ユーグレナ」や「缶詰ぱん」などの長期研究テーマにも挑戦していくつもりだ。これらを通して、「技術の蓄積」と「職人の育成」にもつなげていきたいと考えている。

新工場直売店のパース

## 日本全国をつなぐ交流ネットワーク網

最後に、新構想に既存の店舗、通販やBtoBを含めた販売ルート、ヤタローの部会などをすべて含めて、商品だけでなく、人の交流、情報の交流、モノの交流のすべてを全国ネットワークとして繋ぐ事業である。

これまで扱ってきたパンやバウムクーヘンなどの製品を既存のルートで販売するだけでなく、これからは異なるタイプの商品をこれまでにないチャネルで販売することも想定し、あらゆる可能性を追求するつもりだ。

第6章で説明したとおり、ヤタローグループには様々な部会があるが、ヤタローの店舗や社内の部会だけでなく、外部の交流会も巻き込んで、人や情報のネットワークとして全国的に繋げるのだ。

駅南、北寺島に購入した土地

既成の枠に囚われず、あらゆるモノの交流を図るシステム作りがヤタローには必要なのである。そして、これを土台に柔軟に活用できなければ、変革の時代を乗り越えることはできない。

来る百周年に向けて、さらには次の百年に向けて、ヤタローグループは歩み続ける。これまでの経験や知識のすべてを注ぎ込み、変革の土台を作ることが私に課せられた責務である。そして、これがヤタローグループと商品をご愛顧くださるお客様、すべての御取引先の皆様、これまで苦労を共にしてくれたすべての従業員、私のふるさと輪島への恩返しになることを願ってやまない。

果たして、私自身の目でそれを見ることができるかどうかはわからないが――しかし、いつかきっと「その日」がくることを信じて、ペンを置くこととしたい。

【著者】
**中村伸宏**（なかむら・のぶひろ）
1943（昭和18）年4月、輪島市生まれ。旧姓平松。62年金沢大学附属高校卒、67年中央大商学部卒後、東急不動産（株）入社、70年退社。（株）シンコー商事設立、（株）ヤタロー（静岡県浜松市）創業社長の二女と結婚、77（昭和52）年7月（株）ヤタロー代表取締役社長就任。2015（平成27）年株式会社ヤタロー代表取締役会長、静岡石川県人会長。浜松市在住。

**ヤタローと治一郎**
バウムクーヘンと歓びの輪を拡げる

2025年5月13日　第1刷発行

著者 ―――――― 中村伸宏
発行 ―――――― ダイヤモンド・ビジネス企画
〒162-0851　東京都新宿区弁天町1番地
https://www.diamond-biz.co.jp/
電話 03-6743-0665（代表）

発売 ―――――― ダイヤモンド社
〒150-8409　東京都渋谷区神宮前6-12-17
https://www.diamond.co.jp/
電話 03-5778-7240（販売）

『ヤタローと治一郎』出版委員会 ―――― 金原文孝・桔川奈緒美
編集制作 ―――― 岡田晴彦
編集協力 ―――― 貝谷聡美・浦上史樹
装丁 ―――――― いとうくにえ
DTP ―――――― 齋藤恭弘
印刷・製本 ――― シナノパブリッシングプレス


ISBN 978-4-478-08504-2